中国科普作家协会　鼎力推荐

科学经典 成才宝典

昆虫记

[法]法布尔◎著
吴兴勇　喻　昊◎编译

长江出版传媒　长江少年儿童出版社

《少儿科普名人名著书系(典藏版)》编委会

打开“科学阅读”这扇窗

成长中不能没有书香，就像生活里不能没有阳光。

阅读滋以心灵深层的营养，让生命充盈智慧的能量。

伴随着阅读和成长，充满好奇心的小读者，常常能够从提出的问题及所获得的解答中洞悉万物、了解世界，在汲取知识、增长智慧、激发想象力的同时，也得以发掘科学趣味、增强创新意识、提升理性思维，获得心智的启迪和精神的享受。

美国科学家、诺贝尔物理学奖获得者理查德·费曼晚年时曾深情地回忆起父亲给予他的科学启蒙：孩提时，父亲常让费曼坐在他腿上，听他读《大不列颠百科全书》。一次，在读到对恐龙的身高尺寸和脑袋大小的描述时，父亲突然停了下来，说：“我们来看看这句话是什么意思。这句话的意思是，它是那么高，高到足以把头从窗户伸进来。不过呢，它也可能遇到点麻烦，因为它的脑袋比窗户稍微宽了些，要是它伸进头来，会挤破窗户的。”

费曼说：“凡是我们读到的东西，我们都尽量把它转化成某种现实，从这里我学到一种本领——凡我所读的内容，我总设法通过某种转换，弄明白它究竟是什么意思，它到底在说什么……当然，我不会害怕真的会有那么个大家伙进到窗子里来，我不会这么想。但是我会想，它们竟然莫名其妙地灭绝了，而且没有人知道其中的原因，这真的非常、非常有意思。”可以想见，少年费曼的科学之思就是在科学阅读之中、在父亲的启发之下，融进了自己的大脑。

DNA 结构的发现者之一、英国科学家弗朗西斯·克里克的父母都没有科学基础，他对于周围世界的知识，是从父母给他买的《阿森·米儿童百科全书》获得的。这一系列出版物在每一期中都包括艺术、科学、历史、神话和文学等方面的内容，并且十分有趣。克里克最感兴趣的是科学。他汲取了各种知识，并为知道了超出日常经验、出乎意料的答案而洋洋得意，感慨“能够发现它们是多么了不起啊”。

所以，克里克小小年纪就决心长大后要成为一名科学家。可是，渐渐地，忧虑也萦绕在他心头：等我长大后（当时看来这是很遥远的事），会不会所有的东西都已经被发现了呢？他把这种担心告诉了母亲，母亲安抚他说：“别担心！宝贝儿，还会剩下许多东西等着你去发现呢！”后来，克里克果然在科学上获得了重大发现，并且获得了诺贝尔生理学或医学奖。

一个人成长、发展的素养，通常可以从多个方面进行考量。我认为，最核心的素养概略说来是两种：人文素养与科学素养。

前些年在新一轮的课标修订中，突出强调了一个新的概念——“核心素养”。

什么是“核心素养”？即学生在接受相应学段的教育过程中，逐步形成的适应个人终身发展和社会发展需要的基本知识、必备品格、关键能力和立场态度等方面的综合表现。核心素养不等同于对具体知识的掌握，但又是在对知识和方法的学习中形成和内化的，并可以在处理各种理论和实践问题过程中体现出来。

这里,我们不从学理上去深究那些概念。我想着重指出的是:

少年儿童接受科学启蒙意义非凡。单就科学阅读来说,这不仅事关语言和文字表达能力的培养,而且与科学素养的形成与提升密切相连。特别是,通过科学阅读,少年儿童的认知能力、想象能力和创造能力等都能得到滋养和发展,可为未来的学习打下良好的智力基础。

现代素质教育十分看重孩子想象力和创造力的培育。国家领导人也发出号召:要让孩子们的目光看到人类进步的最前沿,树立追求科学、追求进步的志向;展开想象的翅膀,赞赏创意、贴近生活、善于质疑,鼓励、触发、启迪青少年的想象力,点燃中华民族的科学梦想。

想象力、创造力的形成和发展,又与科学思维密切相关。早在一个多世纪之前的1909年,美国著名教育家约翰·杜威就提出,科学应该作为思维方式和认知的态度,与科学知识、过程和方法一道纳入学校课程。长期以来,人们一直也希望孩子们不仅要学习科学知识与技能,掌握科学方法,而且要内化科学精神和科学价值观,理解和欣赏科学的本质,形成良好的科学素养。

在所有的课程领域中,科学可能是发现问题和解决问题之重要性的最为显而易见的一个领域。科学对少年儿童来说具有其特殊的作用,因为可以从生活与自然中很巧妙地利用孩子们内在的好奇心和生活经历来了解周围世界。

今天的学校里,大多都设置了科学课程,且其重点和目标也由过去的强调传授基础知识和基本技能,转向了对科学研究过程的了解、情感态度和价值观以及科学素养的培养,以期为孩子们后续的科学学习、为其他学科的学习、为终身学习和全面发展打下基础。

除学校的科学课程之外,孩子们了解科学,通常主要是在家长的引导下开展科学阅读。这无疑也是培养少年儿童科学兴趣并提升其科学素养的一条有效途径，家长们应该予以重视，不要以为孩子们在学校里上了科学课，科学的“营养”就够了。著名教育家朱永新曾经把教科书形容为母乳，并总结出读书的孩子可以分为四种，值得我们深思：

一种既不爱读教科书，又不爱读课外书，必然愚昧无知；

一种既爱读教科书，又爱读课外书，必然发展潜力巨大；

一种只读教科书，不读课外书，发展到一定阶段必然暴露自身缺陷和漏洞；

一种不爱读教科书，只爱读课外书，虽然考试成绩不理想，但是在升学、就业受阻后，完全可能凭浓厚的自学兴趣，另谋出路。

这番总结似可昭示我们，阅读能力更能准确地预测一个人未来的发展走向，同时显出了课外阅读的重要性。这样看来，读物的选择与阅读的引导就非常关键了。

“昨天的梦想，就是今天的希望和明天的现实。”许多成就卓著的科学家和科技工作者，都是在优秀的科普、科幻作品的熏陶与影响下走进科学世界的。好的科学读物可以有效地引导科学阅读，激发读者的好奇心和阅读兴趣，乃至产生释疑解惑的欲望，进而追求科学人生，实现自己的梦想。

为致敬经典、普及科学，长江少年儿童出版社在中国科普作家协会的指导和支持下，精心谋划组织，隆重推出了“少儿科普名人名著”书系，产生了广泛的社会影响：入选国家新闻出版总署2009年（第六次）向全国青少年推荐的百种优秀图书，荣获第二届中国出版政府奖图书奖。此次全新呈现的典藏版，除了收录老版本中的经典作品外，还甄选纳入一批优秀的科普作品，丰富少儿读者的阅读。

书页铺展开我们认识世界的一扇扇窗，也承载我们的梦想起航。愿书系的少年读者们，在阅读中思考，在思考中进步，在进步中成长！

尹传红

Contents · 目录

第一章　蝉

第二章　红蚂蚁

第三章　螳　螂

第四章　白面螽斯

第五章　绿色的蝈蝈儿

第六章　蟋　蟀

第七章　蝗　虫

第八章　栎棘节腹泥蜂

第九章　黄翅飞蝗泥蜂

第十章　朗格多克飞蝗泥蜂

第十一章　砂泥蜂

第十二章 圆网蛛

第十三章 萤火虫

第一章　蝉㊀

蝉和蚂蚁:寓言和现实的不同

关于动物的不靠谱的,甚至是编造的传说,充斥于大量的故事之中。很多昆虫之所以能够引起人类的关注,其实就是因为民间故事——想想看,孩子们,在你们小的时候,是不是在大人给你们讲的故事里,听到很多是以动物为主角?而你们往往也相信了故事里的动物与实际是一致的!

但是,民间故事与事实根本不是一回事儿。在现实里,虽然没有听过蝉的歌喉,但几乎人人都知道蝉的大名,以至于人们都认为它有一副美妙的歌喉。这一切误解,来自拉·封丹[①]寓言。在拉·封丹的寓言故事里,蝉成了歌唱家,在整个夏天都放开美妙的歌喉大唱特唱,却不储备粮食。待到寒冷的冬天降临,由于没有食物,这个美妙的歌唱家只好跑到邻居蚂蚁家去借粮。忙碌了整个夏季的蚂蚁自然不愿意理睬这个“歌唱家”,就讽刺它说:“你不是一直在唱歌吗?!那么,现在,你其实更应该去跳舞!”

由于这个寓言故事流传甚广,使得蝉给人们留下的印象就是:它

---

① 拉·封丹(1621—1695):法国著名作家,以《寓言集》最著名。

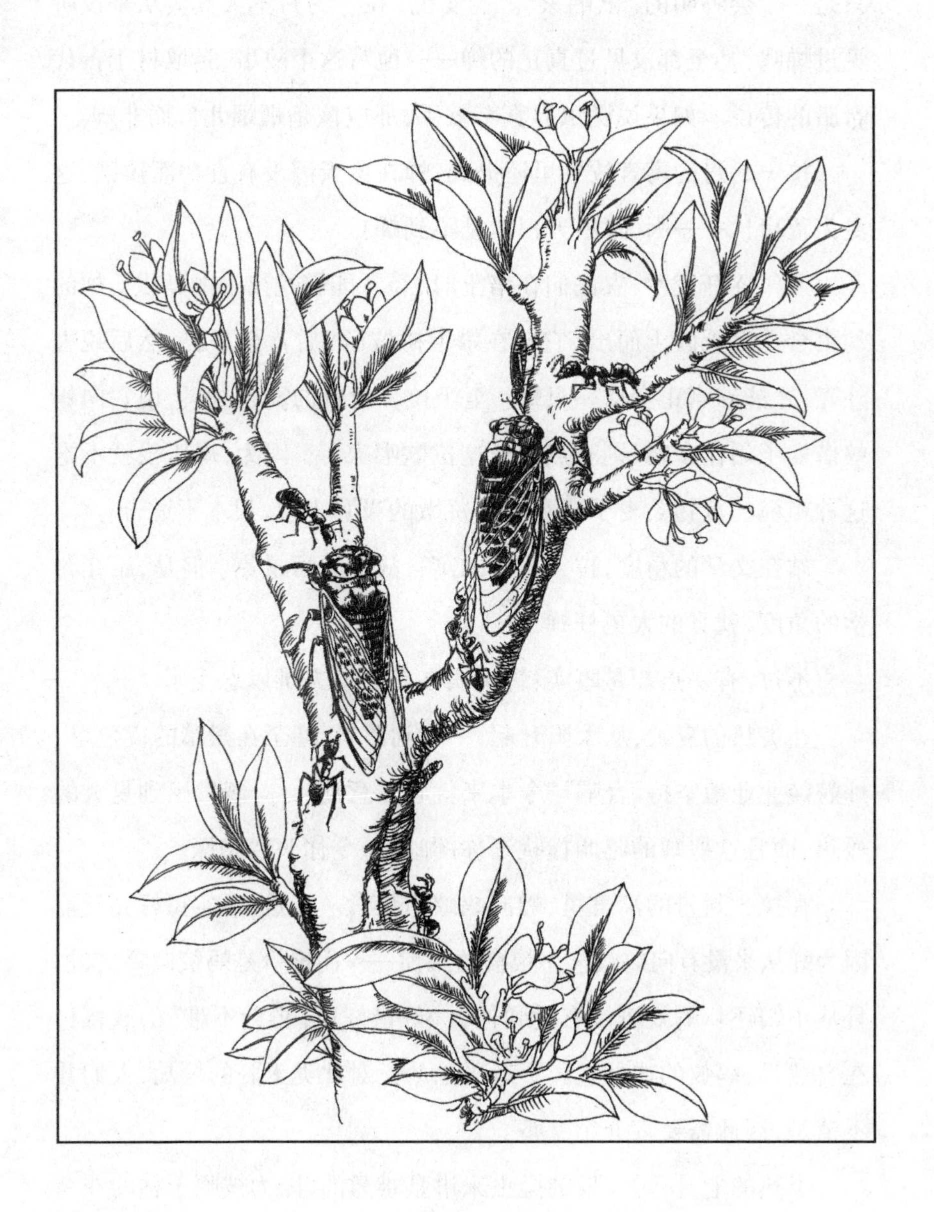

只是一个会鸣叫的“歌唱家”。老实说，拉·封丹本人其实从来没听见过蝉鸣，甚至都没见过真正的蝉——他写这个故事，是取材于古代希腊的传说。如果说昆虫界真有歌手，那应该是蝈蝈儿！而非蝉。

拉·封丹的寓言故事里还提到，蝉在冬天因没有食物而挨饿，这更为荒唐！——因为，冬天根本见不到蝉！

天气逐渐变冷，农民们在培土时，经常能够挖出蝉的幼虫。蝉的幼虫会在夏天破土而出，它们在攀上树枝后，后背会开裂，然后蜕去外壳，才能够真正变成一只蝉。至于拉·封丹的寓言故事，说它向蚂蚁借麦子用作食物，则有点冤枉这位歌唱家了。因为，蝉压根就不吃这种粗糙的食物。麦子相对于蝉娇嫩的吸管来说，根本不适合。

站在文学的角度，拉·封丹的寓言故事无可挑剔。但是，站在科学的角度，就真的太冤枉蝉了！

不过，有一点却是事实：蝉鸣实在是太让人难以忍受了。

在炎热的夏天，从太阳升起，一直到西斜，甚至在黑暗的夜色里，蝉兢兢业业地坚持“合唱”，令本来就心烦意乱的你，越发感到夏天的燥热，而且这些蝉的鸣叫搅扰了你的睡意，令你头昏脑涨。

在拉·封丹的寓言里，蝉向蚂蚁借粮食。可是，事实正好相反。因为蝉从来没有向蚂蚁乞讨粮食的习惯——而恰恰是蚂蚁向蝉乞讨，且从不归还！蚂蚁可没有受到什么“好借好还，再借不难”的教育！在自然界，蚂蚁的这种乞讨更近乎抢劫！对此类无耻的抢劫，人们并不清楚，因此需要多介绍一番。

炎热的七月，对一般的昆虫来讲是难熬的，因为被晒干枯的花朵上，没有它们必需的水。可是，蝉对这种干旱却不惧怕——蝉的喙像一根尖锐锋利的针，可以轻易刺破厚厚的树皮——树干简直就成了蝉取之不尽用之不竭的“饮料桶”！无论多么缺水，蝉都可以一边将吸管钻通坚固粗糙的树皮，一动不动地开怀畅饮，一边还不停地鸣叫，发出那令你心烦的噪声。

当然，蝉这种“高超”的“本事”也给它带来大麻烦！某些昆虫没有和蝉一样的如同钻头的喙，如胡蜂、苍蝇、球螋、蚂蚁，它们干渴难耐，会蜂拥而至，拥挤在蝉的周围，来回转悠。当树干里的汁水从蝉喙的钻井边渗出时，干渴到极点的它们就会蜂拥而上，贪婪地掠夺。刚开始它们还会小心翼翼，仅仅是去舐一舐。身材最苗条的则一头钻过蝉的肚子，而蝉就会宽宏大量地让这些不速之客通过；那些身材高大的，无计可施，只能急不可耐地跺着脚，用最快的速度抢上一口便走开，而仅一口是无法满足这些不速之客的，于是急躁的它们到邻近的树枝上兜上一圈，然后便再次飞回来。这一次，它们不会再那么“温文儒雅”，而是表现得非常霸道——它们居然试图把蝉赶开，然后霸占蝉开凿的“水井”。

在这群霸道的抢劫犯中，恰恰是蚂蚁最为可恶！这一点，拉·封丹在写他那篇著名的寓言故事时，肯定是没有想到的！

这些霸蛮的蚂蚁们一拥而上，咬蝉腿，拽蝉翼，戳蝉的触须，甚至有的还干脆爬上了蝉背；而最疯狂的蚂蚁则抓住蝉喙，想把它拔出来。相对于小个头的蚂蚁来讲，蝉就是个“巨人”。但是，这个“巨人”被蚂蚁们的疯狂行为弄得不知所措。巨人败下阵来了！它朝抢劫者撒了一泡尿，然后逃跑了！虽然蚂蚁们从头到脚被浇了个透，但是这些厚颜无耻的家伙们，却还是得到了“水井”。

在它们的疯狂吮吸下，“水井”很快就干涸了。于是，品尝过美味可口的树汁，强盗们并没有善罢甘休——它们又开始寻找下一个进攻的目标，再以同样的方式来一番开怀大饮！

拉·封丹绝对想象不到，自然界的真相，居然与他笔下的故事是完全相反的！厚颜无耻、不劳而获的是蚂蚁，而蝉才是勤勤恳恳的劳动者，被迫与掠夺者分享劳动成果。在经历过五六周之后，勤劳的蝉终于累死了。它掉落在树下……很快，炎热的太阳就烤干了蝉的尸体。这个时候，那些拉·封丹故事里勤劳的蚂蚁们，真的“勤快”起来。

蚂蚁们剪断蝉的躯干，然后拖进它们的洞穴，作为粮食储存起来！这些“忘恩负义”的家伙们就是如此的“勤劳”而已！

蝉的地下“府邸”

被人踩得结结实实的泥巴路上或大树底下，往往有一些小圆孔，这些就是蝉的幼虫通往地面的通道！夏至时节，蝉的幼虫从圆孔爬到地面，蜕化成为蝉。它们往往位于干热之地，特别是在一些泥巴路边，圆孔最多。

这些“圆孔大通道”有着约两厘米半的直径，地表周围没有像粪金龟掘孔时一样会掘到外面的土。与蝉不同的是，粪金龟是从地面掘进到地下，从地面开始打出洞口，所以会把挖出的土堆在洞口处；蝉的幼虫则相反，它们是从地下钻上来，最后才会打通出口，所以洞口处就没有泥土。

这种呈圆柱体的空洞，大约有四厘米深。有些因土质原因，会略有弯曲，但基本上是垂直的，蝉的幼虫在其中可通行无阻。空洞的底部是密闭的，稍为宽敞些，空井四壁非常光滑，并且洞壁上没有任何孔洞。

要挖出这样的通道，需要挖两百立方厘米的土。令人好奇的是，蝉挖出来的土都到哪里去了？而且按说这些泥土会造成塌方！事实却是，这些蝉的幼虫简直就是天生的“矿工”——矿工会用木头作为支柱撑住巷井，用砖石砌固地道。蝉的幼虫居然如此聪明，会在洞壁上涂抹泥浆，这样就能够粘牢泥土，而不致产生塌方事故。

毕竟，这洞穴不仅是它们长期赖以生存的“府邸”，而且还是至关重要的气象观察站。因为在蜕变成蝉之前，需要搞清楚天气情况。蝉的幼虫先花费很长时间挖掘通往地面通道，在通道最末端留下一指厚的土层并不去打通，这样就能安静地和外界隔绝。然后在洞底开始建造隐蔽所和等候室，等到预感到天气适宜时，它才会爬上通道，彻底钻通最末那一段，来打探洞外的空气温度和湿度是否真的合适。如果外面正在刮风下雨，它就会再次爬回洞底隐蔽所，继续耐心等候。

如果天气极好，蝉的幼虫就彻彻底底打开最顶上的土层，然后爬上地面沐浴阳光——这时，就彻底蜕变成为蝉了！由于需要时不时地在通道里上上下下，所以，用泥浆固定通道的洞壁是非常重要的。

最令人难解的是，它们打通通道挖出来的土到哪里去了呢？难不成是被它们“吃”进肚子里去了？

蝉的幼虫在成熟前，较大的个头里充满水分，就好像水肿病患者。它们把挖出来的土不断抛到身后，这时尾部就不断渗出体内的水——也就是尿液，把身后的泥土打湿成泥浆。这些泥浆迅速被粘到洞壁上。而它们的身体则可以把泥浆牢牢压实在洞壁上。如此反复工作，就得到了一条不会塌方、又没有剩余泥巴的畅行通道。所以，蝉幼虫从土里钻出来时，浑身上下会是脏兮兮的，前腿满是泥块，后腿则满是泥浆。因此，蝉的幼虫总是找地下有树木须根的地方挖洞，从须根上吸取水分。

蝉是如何蜕皮的

蝉的幼虫在爬上地面后，通常会逡巡片刻，侦察可以立足之地。比如一丛不大的荆棘，或是一簇百里香，或是一枝灌木枝丫，甚至可能就是一枝稻秆。

在找到心仪的安身立命之所后，它不再犹豫，轻捷地攀上去，用前爪牢牢地抓住，再舒舒服服地平躺下来，仰着脑袋，望着新鲜而陌生的天空，开始无忧无虑的小憩。这时，它开始蜕皮：先从躯体中部开始，背上的中线慢慢地张开，露出淡绿色的身体；这中线不断在扩大、扩大、再扩大……在这同时，它的前胸也开始往上张裂开来，直到头部后，才开始往下不断开裂，直到露出后胸。

接下来，它的外皮也开始开裂，它的红色眼睛露了出来，蝉的绿色的身体开始如同气球一般膨胀，中间胸部膨胀成一个大气泡。紧接着头部最先挣脱出来的是喙，然后是前腿、后腿，最后才是蝉翼——这时候的蝉翼还折叠着，没有张开来。直到这时，蝉蜕皮的第一阶段才算结束，这个过程大约花了十分钟。

接下来，蜕皮的第二阶段开始了。首先，蝉开始它的大幅度体操动作——你不禁要感叹，它简直就是个天生的体操运动员！蝉要连着翻两个筋斗，才可以完全蜕壳。此时，它的尾部还嵌在树枝上。就凭借着尾部的支点，它能够垂直翻过身子，大头朝下，仿佛审视陌生又喧闹的地面。这时，它的身体呈暗绿色，暗绿色中带点黄色。

它那仿佛折叠起来的翼开始舒展张开，紧接着，它用全身的力量，以闪电般的动作开始弹动上翻，一瞬间就变成头朝上的姿势。待到姿势正常，它的前脚用力蹬着空壳，还没有出来的尾部一下子挣出来。这个非常费力气而又复杂的体操表演式过程，通常要花费半个钟头才能够完成。

刚刚完成蜕皮的蝉，两个湿漉漉的翅膀沉重而透明。翅膀上的脉络呈现出好看的嫩绿色，前胸的中间则稍带点棕色；身体某些部分呈淡绿色，另一些部分呈淡白色。这个时候，蝉还是非常虚弱的。而空气和阳光，能够帮助它改变身体的颜色，并且让它强壮起来。时间飞逝，两个小时悄然而逝，虚弱的它看似并没有什么改观。它的前爪勾住旧皮，在微风中摇晃。它的身体颜色慢慢变暗，直到完成变色过程。这个过程通常需要半个小时，长则需要几个小时。而它的旧壳就那样挂在树枝上长达几个月，有的甚至会挂上整个冬季。

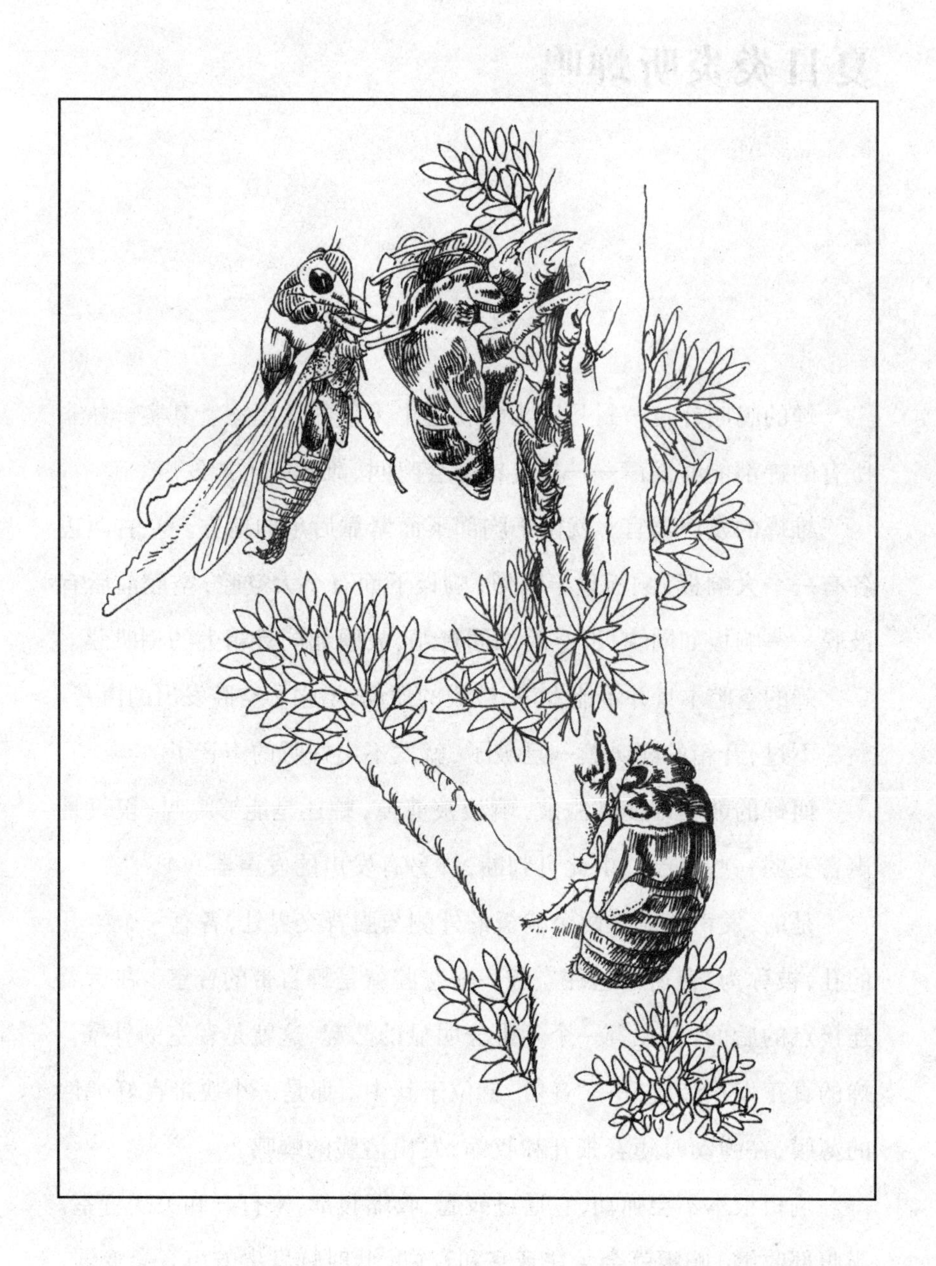

夏日炎炎听蝉鸣

蝉的鸣叫让拉·封丹以为它就是个天生的歌唱家。其实，并非所有的蝉都能够发声——只有雄蝉会鸣叫，雌蝉并不能发声。

雄蝉的发声器官，就位于胸部下面紧靠后爪的地方。左右两边各有一个大响板，响板呈半圆形；响板下面有个大空腔，空腔前后有鼓膜——响板如同快板，空腔如同音箱，鼓膜如同音箱上的喇叭膜。

蝉的空腔本身并不能发声。鼓膜的振动，增强了空腔发出的声音。

不过，音箱的喇叭膜一旦破了，就发不出好听的声音了。

而蝉的鼓膜即使被戳破，响板被剪掉，蝉还是能够鸣叫，仅仅是声音变弱一些而已。由此可判断，蝉另有发声的发声器。

是的，发声器就在两个响板的外侧与腹背交界处，各有一个半开的孔，被称为“音窗”，通往空腔——空腔就是蝉自带的音室。在后翼连接点的后面，存在着一个不十分明显的凸起，这就是音室的外壁。蝉的真正发声装置——“音簧”就位于其中。那是一小块带良好弹性的薄膜，在弹动时随着张开和收缩，发出清脆的蝉鸣。

响板根本不会弹动，它通过鼓起、收缩腹部，来打开和关闭音室。当腹部收缩，响板就会盖住音室和音窗，此时蝉发出的声音会变弱、变哑，甚至是无声；反之张开腹部，则会发出响亮清脆的声音。

蝉的腹部振动的速度，与音簧的收缩同步，是导致蝉鸣声响亮或喑哑的关键因素。

在烈日炎炎的夏天中午，蝉的鸣叫首先会持续几秒钟。短暂沉默之后，它又开始鸣叫，音量直线上升，并持续几秒时间。接下来，它的腹部开始收缩，音量开始降低，声音如同呻吟一般。如此这般不断重复，成为名副其实的夏日“歌唱家”。

尤其在闷热的傍晚，被炎热阳光晒昏头的蝉，会减少沉默的时间，甚至还会不歇气地鸣叫——当然，音量会有强弱的变化。

从早晨七八点到晚上八点，蝉鸣叫不停。但是，在阴天里，特别是冷风天气里，蝉不会发声。

雄蝉为什么会鸣叫？最普遍的说法就是：它是为吸引雌性伴侣！

事实真的是这样吗？

蝉通常是雌雄结伴而行。它们在树枝上栖息，把喙钻进树枝，然后一边吸吮着树汁，一边鸣唱。

在这场炎热的歌唱会中，雌雄本来都是出双入对，雌蝉对于雄蝉热烈的歌唱更是无动于衷。

在雄蝉的高扬的歌声中，雌蝉并没有表现出应有的热情，更没有任何热烈的回应。这一点足以说明雄蝉的鸣唱并不是为了吸引雌性伴侣。更何况，有敏锐的听觉才有可能对这歌声敏感。而具备这样听力的，通常一定都是非常警惕的哨兵——因为只有这样子，一丝轻微的声响都能够被它所警觉！这就是为什么鸟类通常都是优秀歌唱家的原因！它们往往有着极其敏锐的听觉。一旦有一丝动静，如树叶摇晃，过路人的一句话，它们都能够听到，马上警觉起来，一声不响，紧张不安。但是，蝉根本不具备这样的反应力。虽然并不具备鸟类的敏锐听觉，但蝉的视力可谓非常之好。蝉的复眼，能够看到两边很大范围内的一切动静；而它的单眼，则能够看见头顶上的一切。只要看见有人走来，它就会立马惊飞。

但是，如果你站在蝉的背后，无论是说话、吹口哨，还是拍响巴掌、用石头击打，它都压根没有反应，还是自顾自地鸣叫，似乎没有发现存在危险！

曾经有过这样的实验：在树下安置两支装满火药的土铳，不做任何伪装。

当放响土铳时，惊天动地的声音却并没有惊扰树上那些正在鸣唱的蝉，它们歌声如旧，节奏如旧。

即便打响第二枪，依然如斯。

这样的实验，并不一定能够证明蝉听不到声音——但起码能够证明，蝉的听觉很迟钝。俗话说：大喊大叫，如同聋人。这句话放在蝉身上倒是恰到好处！

产卵与孵化

蝉通常是把卵产在干树枝上的——也不知道它们会不会担心卵会被摔碎。

它们尽可能寻找理想的产卵树枝——铅笔般粗细，有着薄薄的木头质地，树枝内有大量的树汁。当然，树枝最好能够翘起、匀整、光滑，方便它们在其上产卵。

在选好的树枝上产卵的时候，蝉先用尖锐的短针斜着扎出一排小孔，将木质纤维挑出来。这些孔的距离基本相等，基本都在一条直线上，数目通常在三四十个左右。产卵时，母蝉仰着头在树枝上排卵。

母蝉的排卵管约有一厘米长，可以完全插进树枝里。母蝉轻轻地扭动躯体，反复地鼓起、收缩腹部尾端，不断颤动。如此便是产卵的整个过程。

从开始打孔到产卵完成，大约需要十分钟。产卵完成，孔里的木质纤维则会自动闭合。母蝉则缓慢地爬到起翘处，再次打孔，然后再排卵。

蝉卵产在树枝上的小孔中，另外中穴则是一条狭窄的小道，它的入口没有任何遮拦。

每个穴里，有六至十五个蝉卵——神奇的是：每个穴的平均卵数是十个！想不到吧，蝉居然懂平均数，蝉居然有数学天赋！哈哈！这样一来，一只母蝉的产卵总量是在三四百个之间。

蝉的家族非常庞大。之所以生产如此多的卵，主要是为了防备灾难导致毁灭性的打击。和人们所理解的并不一样，灾难性的危险并不是来自叽叽喳喳的麻雀！

成年蝉的眼睛非常锐利，发现危险可以迅速飞逃，而且飞行速度非常之快，快到可以令其迅速脱离危险。成年的蝉通常是待在树上，所以并不惧怕来自草地上的偷袭者。一旦遇到偷袭者，它会向对方射出一泡尿，然后迅速飞离。

它们之所以生产如此多的卵，并非因为麻雀，而是因为其他——这种危险对它们产卵、孵化，才是真正致命的！

危险到底来自何方？是一种名不见经传的个头小小的小蜂科幼虫，它体长只有四五毫米，浑身上下是黑色的，有多节的触须，腹部有穿刺工具，这根刺伸出来时和身体成直角，可以在蝉卵刚刚产下时就将其消灭。

与这种小蜂科幼虫相比，蝉简直就是个“巨无霸”，只要蝉爪摁下去，就可以把对方压扁成一张纸。

但是，小蜂科幼虫竟然毫无畏惧感，非常镇定，表现得异常大胆。它们居然大胆到紧跟在母蝉的后面，装模作样地打孔。

直到完成产卵的母蝉准备转移到高处再打孔时，这个小个头强盗就立马跑到蝉卵孔穴处作案，甚至有时就在母蝉的爪子下面公然作案！

它用穿刺工具把自己的卵也排进那个孔里。当母蝉完成所有排卵

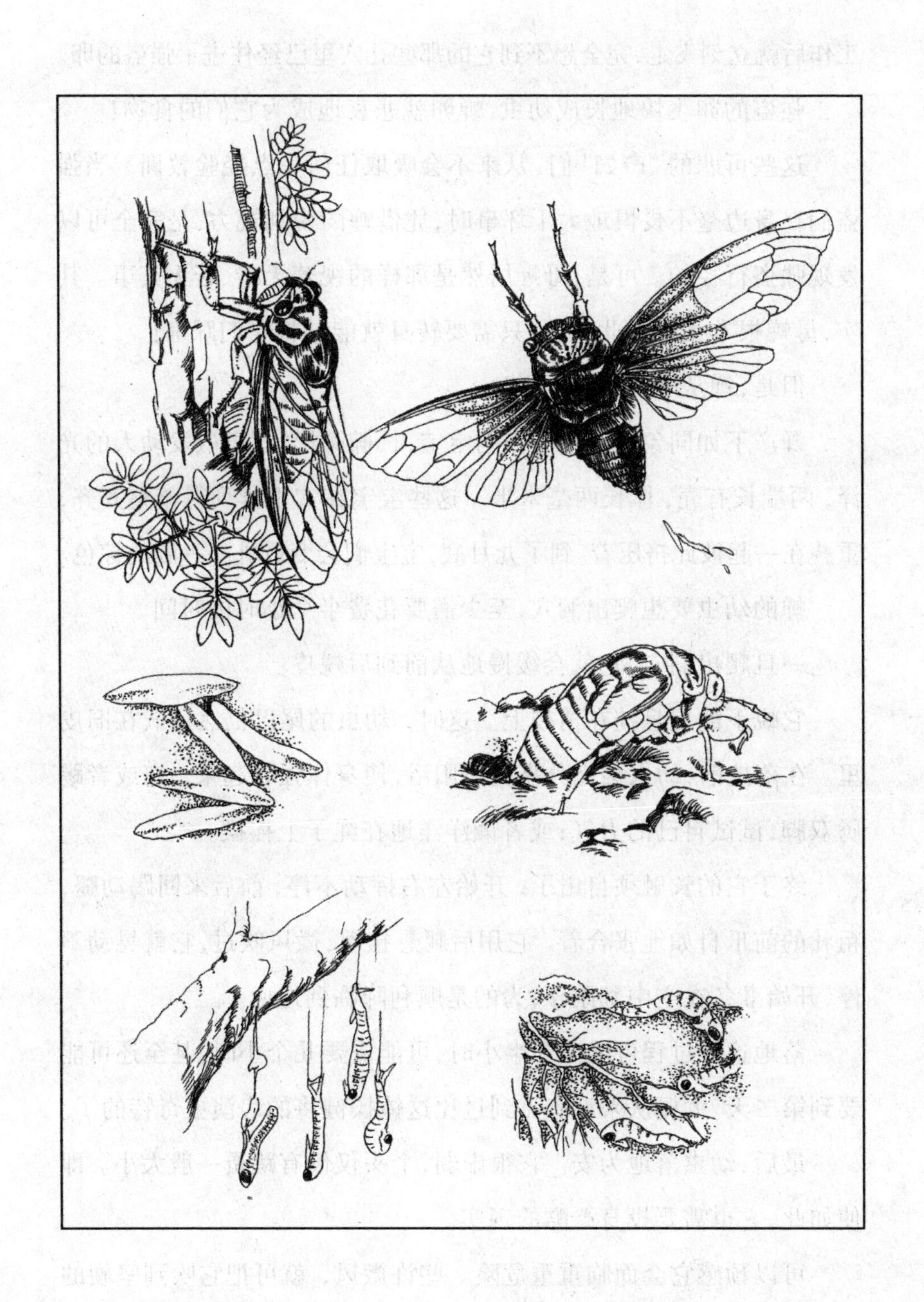

工作后就立刻飞走,完全想不到它的那些孔穴里已经住进了强盗的卵。

强盗的卵飞快地长成幼虫,蝉卵就悲哀地成为它们的食物!

这些可悲的"产妇"们,从来不会吸取任何一点经验教训。当强盗们在身边毫不畏惧地大干坏事时,凭借蝉的锐利视力,是完全可以发现强盗行径的。可是,母蝉居然是那样的视若无睹、若无其事。其实,母蝉根本无须如此宽厚,只需要转身就能够将它们踩扁!

但是,蝉从来没有这样做!

蝉产下如同象牙一般洁白的宝宝,长椭圆形,浑身散发动人的光泽,两端长有壳,体长两毫米半。这些宝宝在穴里排列得整整齐齐,重叠在一起彼此挤压着。到了九月底,宝宝们会变成乳酪一般的棕色。

蝉的幼虫要想爬出洞穴,至少需要花费半个小时的时间。

一旦爬出洞穴,它就会缓慢地从前到后蜕皮。

它蜕下的皮悬挂在树枝上。这时,幼虫的尾巴仍然还嵌在旧皮里。在落地前,幼虫会充分享受太阳浴,使身体强壮起来。它或者踢腾双脚,试试自己的力气;或者懒洋洋地在绳子上摇摆。

终于它的长触须自由了,开始左右挥动不停,前后来回踢动腿,粗壮的前爪自如地张合着。它用后腿悬挂着,微风吹过,它就晃动不停,开始准备在空中翻跟斗,为的是顺利降临到地面。

落地这一过程可能需要半小时,可能需要几个小时,甚至还可能要到第二天。大概从来没有见到过比这体操健将的表演更奇特的了。

最后,幼虫落地为安。它很虚弱,个头仅仅有跳蚤一般大小。即使如此,它也需要投身严酷的现实。

可以预感它会面临重重危险。些许微风,就可把它吹到坚硬的岩石上，或者是车辙造成的水洼里，或者是寸草不生的沙土里，甚至是坚硬无比的黏土上。因此它需要寻找到可以轻易钻进去的松土，为的是能够快速藏身其中。

天气在逐渐变冷，马上就要降下冰冷的寒霜，在地面上待着，随时可能死亡。

一旦找到合适的藏身之处，它就开始用前腿的弯钩打洞。借助于放大镜可以看到，它稍微挖开一个洞，就会钻进去，埋身其中，再也不出来。

它在地下依赖植物的根汁生存。至于什么时候开始喝第一口的，现在并不清楚。

蝉在地底下的早期生活情况，我到现在都没能亲眼看见。对于已经发育完全的幼虫的情况也不怎么清楚。我们知道的是，根据幼虫要在地下待上四年的情况，它在空中的寿命期可以估计出来。

夏至快到时，蝉开始第一次鸣唱。

待到九月中，它们就停止歌唱。并不是所有的蝉，都是在夏至出土，我们取首尾日期的平均数，便可推算出蝉在阳光下鸣唱的时间长达五周。

现在终于知道了蝉的寿命：地底下四年，地上一个月。不要去责怪蝉成年后鸣唱不停，它穿着起皱的外衣，在黑暗的地下待了四年之久，突然间换上漂亮的衣服，能够舒展开鸟儿一般的翅膀，享受暖洋洋的阳光，如同喝得半醉一般，它怎么能够不快乐呢！为庆贺艰难取得的、转瞬即逝的幸福，鸣唱的声音再高亢，也不足以表达它的欢乐。

第二章　红蚂蚁

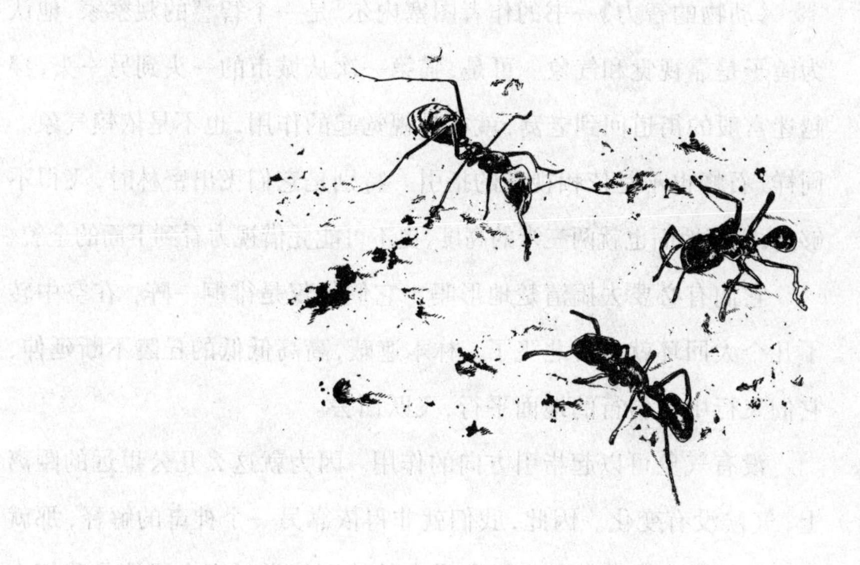

红 蚂 蚁

鸽子都能够翻山越岭回到自己的窝；燕子也能够跨海越洋离开非洲的栖息地，返回遥远的故居。在漫漫长途跋涉中，指引它们飞行方向的是什么？是像我们一样依靠视力吗？

《动物的智力》一书的作者图塞内尔[①]是一个智慧的观察家，他认为鸽子是靠视觉和气象。可是，猫第一次从城市的一头到另一头，穿越迷宫般的街道回到老窝，就不是视觉起的作用，也不是依赖气象。同样，石蜂也不是依赖视觉的指引。特别是它们飞出密林时，飞得不够高，距离地面也就两三米的高度，更不可能凭借视力看到下面的全貌。

它们有必要去搞清楚地形吗？它们仅仅是徘徊一阵，在空中转了几个大回环就直接北飞了。林木遮蔽，高高低低的丘陵不断延伸，它们飞行中与斜行的地面平行，飞跃而去。

没有气象可以起指引方向的作用。因为就这么几公里远的距离上，气候没有变化。因此，我们就非得依靠另一个神奇的解释，那就是：它们其实有着一种人类所没有的特别感觉！完全可能是我们人

---

① 图塞内尔(1803—1885)：法国政治家。

类都无法想象得到的感觉，在引导鸽子、燕子猫、石蜂等动物。

这种我们不知道的感觉，是不是在膜翅目昆虫身体某部位存在，以某种特别的器官进行感知的呢？

这很容易让人想到触角。每每无法解答昆虫的行为，我们就都归功于其触角，自然而然地以为是触角存在某些特殊的能力。

为此，我曾经专门把高墙石蜂的触角剪去——而且是齐根剪，再把它们挪到别的地方。但是它们和其他石蜂一样，能够很轻松地回到老窝。用同样的方法，对本地区最大的节腹泥蜂（栎棘节腹泥蜂）进行实验。这些能够捕捉象虫的泥蜂，同样也能够找回老窝。

如此说明触角能够引导方向的假设并不成立。这种特殊的感官，到底在它们身体的什么地方呢？到现在我还没有搞清楚。

我所清清楚楚知道的是，那些被剪去触角的石蜂，回到其蜂巢后却不再工作。这些家伙不停地围着蜂巢飞来飞去，或在石头上歇息，或在蜂巢附近的石头井栏上小憩。

休息时，它们好像在悲哀地沉思，长时间凝望并没有建造完成的蜂巢。它们一会儿离开，一会儿又飞回来，忙碌地赶走所有不速之客，但是并不再运送蜜浆和泥灰进行筑巢工作。到第二天，被剪去触角的石蜂不知所踪。看来，没有触角做工具，石蜂中的工匠们是无法工作的。石蜂在建造蜂巢时，不停地用触角进行拍打、探测、勘探——看来，触角能够帮它们精准施工。触角作为一种精密仪器，起着我们建筑工人所使用的圆规、角尺、水准仪、铅绳的作用。

到目前为止，我都是用雌性昆虫进行实验，因为母性的本能使得它们对窝更尽心尽力。要是把雄蜂给挪到他处，实验的结果又会如何呢？不能过于相信情郎。雄蜂们会乱挤在蜂巢外等待雌蜂，它们互相争斗，都只想独占花魁。之后，丢下尚在施工中的蜂巢建造工作，没了影踪。

我一直以为，无论是回到它们的出生处，还是到其他地方居住，对这些家伙并没有什么不同，只要有老婆就行。可是，我的整个认知是错的！其实雄蜂还是要回到老巢里的。

为此，我又实验了一番。实验的结果和前面的实验是一致的，证实有四种昆虫会回到老巢里来：棚檐石蜂、高墙石蜂、三叉壁蜂和节腹泥蜂。能否就此认为，所有昆虫都具备这种返家的能耐呢？

答案是不敢完全肯定，因为就我所知道的，就有一类实验结果是相反的。

我的阿尔玛实验室里有大量的实验对象，其中的红蚂蚁最值得称道。这些红蚂蚁就如同那些专门抓奴隶的亚马孙人[①]，不擅长养育下一代，也没有能力寻找食物，甚至对近在眼前的食物都不知道去取。它们吃饭必须有专人伺候，家务必须有专人料理。因此，它们居然去抢劫别人的“孩子”，为的是照料自家的老老少少。

红蚂蚁专事劫掠其他种类的蚂蚁。这些蚂蚁与其比邻而居。它们把其他种类蚂蚁的蛹偷到自家的窝里；过些日子，这些蛹蜕皮而出，沦落成红蚂蚁家庭中勤苦的用人。

在酷热的六七月里，我总能够看到这些“亚马孙强盗”离开营地去劫掠。红蚂蚁的队伍长达五六米。要是在行进途中没有发现什么

① 亚马孙人：传说中古代居住于高加索或小亚细亚或斯基台的妇女民族，靠抢掠为生。

有价值的猎物,它们就会保持队形不断行进;但是一旦发现其他蚂蚁的窝,走在前面的蚂蚁立马停住,散开来。它们会闹哄哄地奔忙起来,其后的蚂蚁会急忙赶过来。结果是一大群红蚂蚁拥来挤去。它们派出一批侦察兵。要是侦察兵发现目标有误,它们就会恢复队形重新前进。这些抢劫者的队伍穿过园子里的小路,消失在草丛中,又出现在远处,然后再钻进干枯的树叶堆里。最后它们堂堂皇皇地转出来,没有具体目标地搜捕着。一旦发现一处黑蚂蚁窝,蚂蚁强盗就会兴冲冲地拥进去,很快,强盗们会带着劫获品出来。在地下城的大门口,黑蚂蚁会拼命进行反击,红蚂蚁则大肆抢劫,双方混战一团,那场景惊心动魄。

由于力量差别太大,红蚂蚁毫无悬念地就取得了胜利。然后用大颚各自咬住一只还在襁褓中的蛹,急速撤退。对于不了解奴隶制的读者,"亚马孙人"的故事可能很有故事性;我却并不想多谈——因为它和我们讨论的昆虫返巢的天性无关。

这帮强盗需要将抢到手的蚁蛹运回去。返回距离远近不定,有时需走十几步,有时需五十步、一百步,或更远。

我仅仅看到过一次,红蚂蚁到花园外的地方去打劫。这帮"亚马孙人"居然爬上了高达四米的花园围墙,翻越而过,远征到天边的麦田里去了。

强盗们对道路好坏并不挑剔,从不讲究要走什么样的路径。寸草不生之处、繁茂的草地、枯叶丛、乱石堆、砌石建筑、草丛,无论什么所向无阻。红蚂蚁们返回的路线是不会改变的,来去都是同一条路,即使来时的路是如何的曲折蜿蜒。

捕猎是一种随机事件,红蚂蚁走过的路途非常之复杂,现在它们带着抢掠的成果原路返回。它们原来走过哪里，现在还走哪里。这时它们必须做到的,就算是它们的路途艰辛翻了一倍,也更加危险,但也不会改变它们返回的路线。假如它们途经大枯叶堆，那么这条路注定危机重重,它们随时会掉落其间。从空隙处爬上来,再回到摇来摆去的枯枝上，到最后走出这个迷宫，都会累个半死。即使如此，在它们返回时,个个都已经增加了负重,但依然没有改变路线,仍然态度坚定地穿越这片迷宫。如若希望降低，它们需要如何应对？其实仅仅需要微微偏离一点原路就可以,因为那儿存在一条好走的路,非常平坦，离原路仅仅就一步之遥。但是它们完全不愿意去发现这条好路。

有一天,我发现它们出发去劫掠,在池塘的砌栏里排队行走着。要知道,前一天,我刚把池塘里的两栖动物换成金鱼。当时,正好吹着北风，直接从队伍的侧边吹扫过来，把它们整行整行地吹进了池塘。金鱼毫不客气游过来，张开大嘴一口吞下。路途艰辛，阻碍重重，蚁群们没有来得及翻过天堑就死去很多。

我以为，它们在返回时肯定会另外选择一条路，一条能够绕过各种危险的路。情况却并非如此。衔着蚁蛹返回的队伍依旧走上原路，金鱼因此收获双倍从天而降的吗哪[1]：蚂蚁和它的成果。然而，蚁队宁可再次被大量消灭，也没有更换路线。这些“亚马孙人”去时走什么路，回时也肯定走什么路。如此行为，大概是由于路途远而且曲折复杂，不走同样的路返回，会很难找到老窝。

红蚂蚁如果不希望迷路，就压根没有挑选的余地，它只能走已经认识的，也就是曾经走过的路返回去。爬行类毛虫离开老巢，攀到另一根树枝上搜寻美味可口的树叶时，通常是边走路边织金线，毛虫利用这条金线才能够返回家里。对于这些可能迷路的昆虫，一条线可以轻松地把它们带回家！

与爬行毛虫和它们低级的路标比起来，我们对那些依靠感官定向的石蜂及其他昆虫就了解得不多。虽然“亚马孙人”也同样是膜翅目类，但是它们返家的办法不多，这一点，从它们只能走原路返回得以证明。

红蚂蚁是否在模仿爬行毛虫呢？它们自然不会在路上留下什么丝线来指路，因为它们的身体就没有生产丝的工具。人们猜测有没有可能是它们在走过的路上留下气味，比如某种甲酸味，这样子就可

---

① 吗哪：犹太教《圣经》里所谓的以色列族离开埃及前往迦南的四十年旅途中，蒙上帝行圣迹赐下的天粮。

以通过嗅觉指路？蚂蚁是利用嗅觉指路，其嗅觉就在那不停动弹的触角上。对这个观点，我并不完全认同。

首先，我不认同触角具有嗅觉功能，理由前面已经说过了；其次，我打算用实验证明红蚂蚁并非靠嗅觉指引方向。我用了几个下午的时间观察那帮“亚马孙人”的动静，但基本是徒劳无功，以至于我自己都认为是浪费时光。于是，我找来个助手，她没有我这般忙碌。她就是我的小孙女露丝。

在我和她谈过蚂蚁的故事后，这个调皮的小家伙非常有兴趣。她曾经看到过黑蚂蚁和红蚂蚁之间的战争，对抢夺“襁褓中的婴孩”有着自己的看法。露丝的脑子里充满的是崇高的职责，对自己能够在如此小的年龄为科学做点事情引以为豪。因此，在晴好的天气里，她热烈地在花园里到处奔忙。她的使命是监视红蚂蚁的行动，细致地辨别蚂蚁们的劫窝路径。

她有热情，也接受过考验，我很放心。某日，当我在记笔记时，她的声音出现在书房门口：

“砰！砰！是我，露丝。你快过来，红蚂蚁已经冲进了黑蚂蚁窝。赶快！”

“你看清楚了它们走的路吗？”

“当然，我立即做上记号了。”

“什么？你还做了记号。是怎么做的记号？”

“像小拇指[1]那样，我把白色的小石子撒在那条路上了。”

---

① 小拇指：法国诗人、童话作家佩罗(1628—1703)的童话《小拇指》中的主人公。

这些撒下的石子变成了蚂蚁们不得不翻越的阻碍！红蚂蚁们犹犹豫豫了好久，以至于后面过来的蚂蚁们有足够的时间赶上走在前面的队伍。它们在激流中走上了露出水面的石子；但是，突然它们脚下的基础消失了，激流冲卷着最勇敢者，即使这样，它们也不会丢掉劫掠物而自顾逃生。它们随着水流起伏，终于在河岸边突出处搁浅。在河岸上，它们重新寻找可涉水过河的地方。地上的几根麦秸被水流冲来冲去，这些摇摇晃晃的麦秸就成了蚂蚁的桥。一些橄榄树的枯叶，则成了木筏，供携带着辎重的蚂蚁渡河使用。最勇敢的蚂蚁自行跋涉，另一部分仗着运气没使用过河工具就到了对岸。

我看到有一些蚂蚁被水冲到离岸两三步远的地方，似乎在着急怎么办。无论是在溃散的混乱中，还是在遭到没顶之灾的危险中，没有任何一只蚂蚁丢掉它的劫掠品。它们宁死也必须保住劫掠品。

总之，红蚂蚁们最终勉勉强强渡过激流，并且是按规定的路线渡过的。

强大的水流已经把地面的气味都冲得干干净净，在渡河时还不断有新的激流涌过来。我发现经过这次水流实验，蚂蚁们通过在路上留下气味来指路的看法已经不成立。如果在爬过的地方有甲酸气味——这种气味我们人是闻不到的。

那么现在，我们再用一种更强烈的，而且我们能够闻到的气味来进行实验，观察看会发现什么。

我打算在第三个出口进行实验，在蚂蚁们必经的路上，拿几把薄荷叶在地面上擦了几下。这些薄荷是我刚刚从花坛里采摘的。在路径稍远的地方，我把薄荷叶盖上去。蚂蚁们回来时走过这些地方。对擦过薄荷的地方，没有任何的犹豫；但是对覆盖了薄荷叶的地方，有些犹豫，然后还是走过去了。

经过水流洗涤路面和薄荷改变气味的两次实验后，我认为嗅觉指引蚂蚁沿着原路返回老巢的观点是不准确的。我想再进行的另外一些实验能够让我们证明这一点。

现在，我不改变地面任何情况，而是使用几张大报纸，横着摊放在路中间，并用几块小石子压着。这个纸“地毯”完全改变了道路的外观，但并没有去掉有气味的东西。可是，蚂蚁在面对报纸“地毯”时，比在我设计的其他诡计，甚至是比面对激流时，都要犹豫得多。它们做了多次尝试，从不同角度进行侦察，或前进或后退，最后才战战兢兢冒着风险，走进这个似乎陌生又似乎熟悉的地方。终于它们穿过这块铺着报纸的区域，队伍恢复正常行进。

再往前，便是等着这些“亚马孙人”的另一个圈套。我在路上撒了一些黄沙，把路切断。这块地方本来是浅灰色。结果，改变颜色，就使得蚂蚁们好一阵子不知道如何是好。它们就像在面对报纸时一样犹豫不决，虽然时间不长。最后，它们越过了这个障碍，就跟越过其他障碍一样。

我设置了报纸和黄沙等障碍，但并没有清除蚂蚁途径上的气味。蚂蚁居然在它们面前都游移不定，止步不前，很明显不是依靠嗅觉，而是依赖视觉指路。因为，无论我使用什么方式改变路的外观——清扫地面，用水冲洗地面，用薄荷叶盖住地面，用“纸毯”盖住地面，用和地面颜色不同的沙阻断路径——这些返回的蚂蚁队都会停下来，犹豫不决，期望了解是怎么一回事。

是的，是依靠视觉，只不过它们很近视，仅仅挪动下石子，就足以影响到它们的视野。视野太窄，一条纸带，一层薄荷叶，一捧沙，一把挥动的扫把，甚至比这些更细小的变化，都影响到它们，使得这些焦躁不安的、期望尽快带着劫掠物返家的队伍，在陌生的地方停步不前。

它们之所以最后能够安心走过这片可疑的地方，实在是因为总会有几只好视力的蚂蚁，能够发现前方某些地方是熟悉的，而其他的蚂蚁非常信任这些好视力者，并跟着它们继续向前。

这些“亚马孙人”如果不能精确记住地点，只依靠视力还是不够。

蚂蚁的记忆力究竟如何?

它和我们人的记忆力有什么相似之处?

关于这些问题,我还没有答案。但仅用寥寥几句话就可以说明,昆虫对到过一次的地方能够精准记忆,而且记得非常牢。这是由我多次观察到的现象证实了的。

有时会发生如下情况:或是抢劫到的战利品多到一次搬不完,或是黑蚂蚁人多势众,因此是在第二天,甚至是在两三天后,强盗们会进行第二次搬运。这一回,强盗们不会沿途搜寻猎物,而是直接奔向有着大量蚁蛹的蚂蚁窝,所走的路线还是同样那条路。我曾经在它们两天前走过的路上,用小石子设置路标,惊奇地发现它们沿着同一条路,走过一个又一个石子。

我猜测,以石子作参照,它们从这个石子边走,从那个石子边过;果不其然,它们沿着我设置的石子,从这边走,从那边过,没有太大偏差。

这已经是过了几天了,难道是路径上的气味还一直存在?显然没有谁能够证明这一点。所以我才可以认为,是视觉指引着它们。除去视觉这个因素,还需要加上对路径的记忆。它们的记忆力之强,强到能够保留到第二天,甚至更久。它们的记忆非常可靠,因为这记忆可以引导它们走过高高低低各种地方，完全和前一天一样的路。

对于不认识的地方，它们该怎么办？除了依靠记忆力之外（在这里，记忆力于事无补，因为我假设这地区还没有探测过），蚂蚁是否具备石蜂那种小区域内的指路能力呢？它能否返回老窝，或者与正在前进的大队会合呢？

这支劫掠军团并没有搜寻过全部花园，它们最热衷于探测花园北边。无疑，它们从那里抢劫的收获最大。因此，这些强盗通常去自己兵营的北边，至于花园南边，很少看到它们。因此，它们对花园的南部完全陌生，至少不如对北部那般熟悉。知道了这些，我们就可以去观察，在不熟悉的地方，蚂蚁是如何行动的。

当红蚂蚁大队捕获猎物回来时，我在蚂蚁窝边，把一片枯叶放在一只蚂蚁前面，让它爬上叶子。我尽可能不碰到它，用枯叶把它挪到离大队两三步远的地方，而且是它们不熟悉的南边。这样子能够使它离开熟悉的环境。我观察到，这只蚂蚁在被放到地上后，居然随意逛起来，自然，它的大颚仍然没有放弃战利品。

我看见，它走得太着急，导致更加远离自己的同伴，可是它居然还以为自己走得方向能够与它们会合呢。

我观察到，它忽而往回走，忽而走到远处，忽而东走走，忽而西走走，摸索了很多方向，可就是没能走上正确的路。这个好斗的、牙齿尖锐的“黑奴贩子”，就在离自己的队伍两步远的地方，迷失了。

还记得几个同样的迷路者，花了半个小时还是没有走上正道，离自己的大队还越来越远，但牙齿始终咬着战利品。它们最后的结果会怎么样？它们的劫获物用以做什么？我对这些蠢笨的强盗，业已失去耐心。

可以肯定，这类膜翅目昆虫压根没有其他膜翅目昆虫所具备的指向感。它仅仅能够记住去过的地方，除此就再没有其他能力。偏离两三步路的距离,就令它迷失方向,不能跟队伍会合。但是即使经过几公里陌生的地方,石蜂也不会被难倒。

这种奇异的感官,只有几种动物有,人却没有,前面已经提到过,我对此感到非常惊讶。假设两者进行比较的内容有很大差别，很容易引起争论。如今,这种差别消失了,因为进行对比的两类昆虫十分的相近——两种都是膜翅目昆虫。

假如它们是同一个模子里刻出来的,那么,为何一种膜翅目昆虫具备某种官能,而另一种却没有呢？多了一种官能,这个问题与器官上的某个小问题相比，是非常重要的特点！我期望进化论者能够给出一个确切的解释。

前面的实验，让我知道这种记忆地点的能力持久而且可靠。那么,记忆力要厉害到何种程度才能够刻骨铭心呢？

红蚂蚁是需要多次,还是只要一次,就能够记住路途的情况？走过的路线和参观过的地方，是否一次就能够记住？对于可能得到答案进行的测试,红蚂蚁并没做任何准备,实验者也不能确定它们远征所走的路是不是和第一次走的一样，而且他更不可能让它们走别的路线。当这些强盗出巢抢劫别的蚂蚁窝时,它们的路线是随机的,它们去哪个方向，我们也无法干预。那么我们再来看看其他的膜翅目昆虫又是如何行进的吧。

这次,我以蛛蜂做实验,蛛蜂的习性将在其他章节做详细介绍。

蜘蛛和掘地虫是蛛蜂捕猎的对象。它逮住猎物,先把对方麻醉,给未来的幼虫作食粮,然后才开始挖住所。

如果带着沉重的猎物去寻找筑窝之处,对蛛蜂来讲相当累赘,所以它会把逮到的蜘蛛放在草丛里或灌木丛里这样的高处,以防有动物不劳而获,特别是蚂蚁,趁合法拥有者不在,偷取宝贵的猎物。

将猎获成果放在高处之后,蛛蜂就会去找地方挖地穴。在挖地穴的过程中,它会时不时去看看它猎获的蜘蛛,轻咬或拍打猎物,似乎是很满意自己获得的大餐,之后它再回到工地,继续挖掘地穴。

如果发生什么事情令它不安,那它就不仅仅是去看看这么简单,它会把猎物移放到自己的工地附近,通常把其放在植物丛上面。

它就是这么干的。我觉得我应该动动手,探究蛛蜂的记忆力到底有多好。这个家伙还在地穴里忙乎时,我悄悄把它的大餐拿开,放到半米远的空地上去。过了一会儿,蛛蜂竟直接奔向那里。

看来,它对方向很有把握,也牢牢记住了地点,应该是日前多有了解所致。我不了解之前的情况。这一次不算的话,再试几次应该更有说服力。

现在,蛛蜂已经轻易找到曾经存放猎物的草丛。它在那丛草上来回走动,细细搜索,好几次已经回到了存放蜘蛛那一块地方。最后,它确定猎物已经不在那里,就开始用触角拍打地面,在四周慢慢地搜寻。

终于,它看见空地上的猎获物。蛛蜂应该很惊讶——它朝前走着走着,突然受到惊吓一般,猛然后退一步。这蜘蛛是活的还是死的?难道这就是我的战利品?好像它在默默思考。肯定不是!

没有犹豫多长时间,这个猎手咬住了蜘蛛,倒着开始拖动它,把它放到离第一次存放点两三步远的植物丛上，仍然是放在高处。

接下来它还是回到工地那里，又在那继续挖掘。

当我再次把蜘蛛的位置变动，把它放到稍远处的空地上。设计这种实验更能够评价蛛蜂的记忆能力。我选择两处草丛作为临时存放处。第一堆草丛，昆虫能够精确到达，大概是它来过多次，所以记忆深刻，不过这一切我并没有见到；但是，第二个草丛，在它的记忆中应该只留下很浅的印象，它并不是精心选定该处的；那里停留的时间短暂，仅仅够把猎获物放到草丛高处。它属于头一次看到这地方，并且还是在路过时匆忙中看到的。惊鸿一瞥，它能够准确记住吗？还有，在昆虫的记忆中，可能会混淆地方，把第一处和第二处搞混。蛛蜂会到哪儿去呢？

我们马上就能够知道它的选择。

它又一次离开地穴工地去查探猎物的情况。它直接跑向第二个草丛，它在那里寻找了好一会儿，没能找到自己的战利品。看来，它完全记得那战利品最后就是放在那里的；所以它坚持在那里寻找，根本没考虑再回第一处看看。

看来，第一个草丛对它来说已经不作数了，它考虑的仅仅就是第二个。其后，它开始在周围搜寻。在光秃秃的地方，它终于找到了猎物，我把它的猎物放在那里。这个膜翅目昆虫家庭的一员，急急忙忙把蜘蛛放到第三个草丛上，这时，我又开始了测试。

这回，蛛蜂朝第三个草丛奔去时一点也没有犹豫，因为压根也不会和前两处弄混。对以前的那两个地方，现在它根本不予考虑，因为它的记忆力是十分可靠的。

我以同样的方式继续进行了两次实验，昆虫总是回到最后一处，而不理会其他的地方。

这么个小不点所具有的记忆力让我惊叹。一个地方没有什么与众不同，可是它只需仓促一瞥，就可以留下清晰的记忆，同时它还必须全心全意挖洞，紧张地在地下施工。我们人类的记忆力是否和它一样好？这可不一定。假如红蚂蚁也具有同样的记忆力，那么在长途跋涉中，它走相同的路返回老巢，就完全不需过多进行解释。

这样的实验结果引起我高度的好奇心。前面已提到过，一旦蛛蜂坚信自己的战利品已经不在原先那个地方，它就会四处搜寻。当然，它能够轻松地找到，因为我特意把猎物放在它能够看见的空旷之处。

现在，我们给实验增加一些难度。

我在土里用手指头压出一个坑，然后把蜘蛛放入坑里，再用一片薄叶子盖住。这只找寻失踪战利品的膜翅目昆虫，居然在叶子上走过，却没有任何怀疑。它来来回回从叶子上走着，一点都没有想到，蜘蛛就在那下面。它劳而无功地到远处进行寻找。由此可知，给它引路的不是嗅觉，而是视觉。

在整个寻找的过程中，它的触角总是在不停地拍击地面。它的这个器官到底是起什么作用？我不得而知，只能判断出，它并非依靠嗅觉感官。

还必须补充指出，实验发现蛛蜂的视力不如人意。即使在离猎物两寸远之处走过，它也难以发现失踪的蜘蛛。

第三章　螳　螂（一）

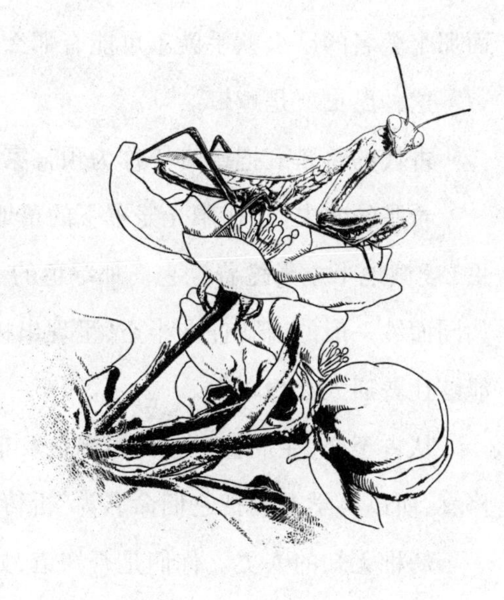

修女螳螂的捕食

在南方有一种昆虫，和蝉一样令人感兴趣，不过它不会鸣唱，所以就不如蝉那么有知名度。

它有着不同寻常的外形和习性，假若老天爷能够赋予它歌喉，前面那个著名的昆虫歌手就不可能有那么大的名声了。

这种昆虫就是螳螂。

古代的希腊人把螳螂尊称为预言家和先知。

希腊的农夫们，在阳光笼罩下的草地上，看见这种婀娜多姿的昆虫，虔诚地半立半跪着。它们那绿色的、又宽且薄的翅膀摇曳起来，如同面纱一般的前腿伸向半空，呈现出祷告的姿势。仅仅是这般，就能够让普通人浮想联翩。

从古至今，在荆棘中看见仿佛在发布神谕的预言家、进行祷告的修女，所以科学上就把它们命名为“祈祷者螳螂”。

幼稚无知的人类。你们是否知道，如此认知是多么的错误？

在螳螂虔诚的表情后面，掩藏的是残忍的习惯。那些伸向天空，如同祈祷的手臂，并非用于捻动念珠，而是恐怖的用于抢劫的工具，用以捕杀任何一只从它身旁经过的昆虫。

螳螂强壮有力，嗜肉成性，有完备的捕杀猎物技巧，只捕食活物，是昆虫世界的凶恶猛虎、潜伏恶魔、田野恶霸。

除拥有置猎物于死地的器官之外，螳螂其实并不那么可怕。它的身体轻巧，服饰漂亮，呈浅绿色彩，长长的翅膀薄如细纱，整个外形非常雅致。

它没有剪刀一样的凶残的大颚，恰恰小嘴尖细，似乎仅用于啄食。它有很柔软的脖子，可以左右摇晃的脑袋，随意俯仰。

螳螂属于唯一能随意四下张望的昆虫，它观察入微，察看仔细；甚至，它还有面部表情。

有着亲和力的身体和面容，与凶残的前腿，形成强烈的对照。螳螂的腰非常长，而且很有力，能够使它在捕杀猎物时，不会被猎物反杀而沦为对方的牺牲品。

它的大腿非常之长，呈扁平的形状，上面居然还有两排尖利无比的锯形齿。后面一排锯齿有十二个，这些锯齿或者是长而呈黑色，或者是短而呈绿色。锯齿之所以长短不同，是因如此会增加啮合点，使这个用于捕杀猎物的武器更加有力。前面一排锯齿仅有四个。前后两排锯齿的后面，还有三个更长一些的锯齿。

总而言之，它的大腿看起来就像一把有着两排平行刀刃的锯，两排锯齿间有一道缝隙，把小腿折叠起来就可以放进这缝隙中。

螳螂的小腿也不可小瞧，它看上去也是一把有两排刀刃的锯子，只是锯齿比大腿的小且密，在末端还多了一个坚硬的钩子，像针一般尖锐，钩子的下部居然还有柄双刃刀，像修剪树枝的大剪刀。

正是这硬钩，给我留下了印象深刻的回忆。

好几回在捉螳螂时，我被这硬钩钩住了。当时我双手逮着螳螂，无法腾出手，只好找别人帮我摆脱这钩。

没有什么昆虫比螳螂更难抓。如果您想捉活的螳螂，它会使用钩不停地抓挠你，会用锯齿来刺你，用钳子来夹你，令你无法招架。

到了休息时间，它会把折叠起捕捉猎物的器官放到胸前，面上装出一副和睦慈爱与人为善的样子，犹如祈祷中的天使。

但是，一旦有猎物从它附近经过，虔诚祈祷立刻没了踪影。它捕捉器官的三个部分猛地一下子张开，末端的硬钩伸展开来，迅猛地逮住猎物，再把俘虏拖拽到两把锯子中间，将自己的钳子夹牢，如此就可以结束整个过程。

无论是蝗虫、蝉，还是其他更强壮的昆虫，一旦被这四排尖齿捕获，就别想逃出生天。

没想在野外进行螳螂习性的系统研究，完全是不可能的。

整个研究需要在室内完成。因此，我在一个瓦罐里放进螳螂，再罩上一个金属网罩。瓦罐里面装有沙土，放一簇百里香和一块较平整的石子，为的是以后它可以在那上面产卵。每天只需给它一些新鲜食物，它就可以在瓦罐里生活无忧。

到了八月份的下半月，我在路边的枯草丛和灌木丛里发现了一些成年的螳螂，其中雌性螳螂的肚子明显大了许多，却很少看见它们那些雄性伴侣瘦弱的身影，这里面的缘由以后再讲。有时，为了给我进行实验的雌螳螂找到配偶，要费很大的功夫。

螳螂属于“大肚子罗汉”，喂养这些螳螂几个月的时间，在提供食物上，就不是一件容易的事情。

在野外，它们把捕捉到的食物都会吃得干干净净；但是，在我做实验的瓦罐里，它们却表现得如此浪费，尝了几口，直接就把食物扔掉。它们大概是想用这种方式，打发囚居的无聊和苦闷！

为了搞明白螳螂的胆量和力气，我通常提供给它好的食物，例如超过螳螂体积的大灰白色蝗虫，有着强有力的大颚、尖锐牙齿的白面螽斯和本地区最大个头的蜘蛛。这样子就能够观察到，螳螂是如何攻击这些对手，是如何与放进笼里的昆虫进行交战的。

捕猎的过程充满危险，螳螂不会临时仓促应战，一些通常就有的习惯值得进行记述。

看见轻率的大蝗虫走过来，螳螂会痉挛般颤抖一下，紧接着闪电般地摆出一副咄咄逼人的架势。其转变速度之快，其姿势之杀气腾腾，令大蝗虫立刻犹疑难定，并缩起前爪，似乎眼前遇到的危险，是以前没有遇到过的。

螳螂会展开鞘翅，鞘翅斜在躯体一边，翅膀则全部都张开，就好像两片船帆平行着在背上直立起来，躯体上部如曲柄的杖子弯着，反复抬起、落下，还伴随类似喘气般的剧烈抖动，同时像受了惊的毒蛇一般发出噗噗的喷气声。螳螂傲然地靠

后腿支撑起整个身体，身体的前部几乎都垂直地矗立起来。原本是折叠着收起在胸前的前腿，这时已是彻底张开，伸出来时前腿交叉呈十字状。它那黑白斑点的胳肢窝，因而完全暴露出来。

螳螂会一直不动地保持这种怪异的姿势恐吓对方，如果蝗虫稍微移动一步，它就会随之转动头部怒瞪着蝗虫。

如此举动明显是为了恐吓这个强大对手，使得对方出于恐惧而不敢移动。螳螂通常很少进行恐吓，而仅仅是把它控制范围里的猎物抓住即可。但是猎物如果激烈反抗，它就会摆出一副恐吓的姿势吓唬猎物，以便弯钩能精准地抓住对方。

面对张开大嘴的蛇，鸟儿会被吓得一动不动。蛇威慑的目光足以把它吓呆住，导致自己忘记了飞逃，从而被抓住。蝗虫大体也是如此。

一旦能够吓着目标时，螳螂的两把弯钩会毫不犹豫地猛击过去，一把就逮住目标，两把锯子立刻闭合，并且夹得紧紧的。

无论这个可怜的庞然大物如何挣扎，它的大颚都无法咬到螳螂，只能绝望地在空中乱踢。

螳螂通常是从目标颈部开始上下其手。

螳螂的一只前腿，拦腰牢牢抓住猎物，另一只腿死死压住猎物脑袋，不断掰扯对方的颈子。在这个没有保护壳的部位，用嘴狠狠地啄，最后终于咬开一个大口子。这时蝗虫的腿不再踢动了，猎物终于变成了没有危险的死尸，螳螂就可以按自己的想法，大快朵颐。完事后，它叠起翅膀，恢复常态，开始休息。

从猎物的颈部进攻是有其道理的。这儿我们暂时偏离一下主题，来探究一番为什么这样说。

我曾经观察过两种小蟹蛛，由于它们吐出来的丝只可以给卵作茧，不能用来结网捕猎，所以它们在捕猎时埋伏在花朵上，当其他昆虫在花上暂时逗留时扑过去。而最受它们喜爱的猎物是蜜蜂。

我就做过这样一个实验。在罩子里，我放进去三四个活的蜜蜂、一个蟹蛛、一束薰衣草，并滴几滴蜜于花上。

蜜蜂并没有注意到这里有着恐怖的邻居。它忽而飞到花上吃口蜜，忽而爬到距离蟹蛛不到半厘米的地方，似乎没有发现危险。

蟹蛛则一动不动地趴在花蕊上，把四只伸出来的前爪，稍微抬起来一些，准备进攻。

一只蜜蜂飞过来喝蜜汁了。蟹蛛一下子扑了过去，牢牢抓住那个轻率家伙的翅膀末端，腿再用力勒紧蜜蜂，将有毒的爪子摁在蜜蜂脖颈上。将蜜蜂弄死之后，蟹蛛大饮特饮蜜蜂血。

吸完蜜蜂脖子上的血，蟹蛛会换个部位继续吸，直到最后它会抛弃蜜蜂的尸体。

如此小个子的蟹蛛，就可以捕杀比自己大、比自己强壮、比自己动作更快的昆虫。螳螂和小蟹蛛一样有着快速杀死对手的能力。只不过，它通常是把捕获物一块块地肢解，这样一来，要多用些时间，而且过程也充满危险。它知晓猎物颈部的解剖学秘密，有着更好的方法。

首先它从后面攻击猎物的颈子，上去咬住猎物颈部的淋巴结，在最主要的部位消灭肌肉的活力，导致对方无力再动弹，直至停止所有的反抗。如此，无论多大的猎物，螳螂都可以轻而易举地将其收拾。

这般情景并非最悲惨的。螳螂对自己的同类也一样毫不手软。

在同一个笼子里,我曾放进去多只雌螳螂。

为了使它们不会因饥饿而自相残杀，我特意放进去足够多的蝗虫,并且每天还放两次。

刚开始,它们之间尚能和平共处,可是这和平的时间很短。

一旦雌螳螂腹部凸起来，卵巢开始成熟，接近交配期和产卵期，即使笼子里没有雄螳螂,雌螳螂不会因争夺异性而敌对起来,但疯狂的妒忌在它们间依然产生。雌螳螂彼此间开始残杀，获胜者放肆地以其为食物，就和它们捕食蚱蜢一样。围观者不但不对残杀同类的行为表示反对,居然还跃跃欲试。甚至,雌螳螂还会吃掉它的配偶。

我曾经将把一对一对的螳螂分别放进不同的笼子里。待它们交配完成,或者是当天,或者是迟至第二天,雌螳螂会抓住自己的伴侣,按其吃食的习惯,开始先咬颈部,然后再一小口一小口地把对方吃掉,到最后仅仅剩下两个翅膀。我把第二只、第三只雄螳螂放进去,完成交配后,它们一样会被吃掉。两个星期的时间里,同一只雌螳螂一点都没有愧疚心地吃掉了七只雄螳螂。

啊！这些昆虫如此凶残！据说,狼不以同类为食物,但是螳螂对此根本没有任何顾忌。甚至在它周围，到处是随手可得的最喜爱的猎物——蝗虫的情况下,它一样会以同类当大餐。

螳螂的窝

现在，让我们一起找找螳螂好的一面，如螳螂的巢穴就非常漂亮。

在朝阳的地面上到处都可见到螳螂窝：石子、木头块、葡萄树根，树枝、干草，甚至是在砖块、破布、旧皮鞋的破皮上面。只要表面凹凸不平能够把窝粘住的东西，全都可以用来到上面做窝。

螳螂窝一般长四厘米、宽两厘米，色彩与麦粒相像，呈金黄色，使用多沫的材料凝结而成，如果用火去烧它的窝，气味好像被微微烧焦的丝。

如果螳螂窝是固定在树枝上的，窝的底部会包住附近的小树枝，它的形状会依据支架的形状不同而五花八门。如果螳螂窝是附着在平面上，它的底部牢牢地粘在支撑物上，整个呈半个椭圆形，一头呈圆形，另一头却呈现尖细的形状。

不过，无论是什么样子，窝面都是鼓起来的。

整个螳螂窝很明显地被分成三个纵向区域。中间的部分要窄一些，两行并排的小鳞片，像屋瓦一般重叠。小鳞片的边缘部位有两行平行的缝隙，孵化出的小螳螂就从缝隙里爬出来，因为它太小了，不能穿过别处的窝壁。两边的两个区域用于贮藏螳螂卵。

所有的螳螂卵都按窝的轴线按层分布，呈海枣核的形状，非常的坚固，外面包裹着多孔的厚皮层起保护作用，厚皮层像凝固的泡沫。在与中区连接处，代替这种泡沫状的厚皮层则是重叠的薄壳。

螳螂卵的头部对着出口，每一层卵都有两个出口，一半的幼虫从左边出口爬出，另一半幼虫则从右边的出口爬出来。

雌螳螂的巢穴呢？

原来在排卵时，从它的生殖器官里会产生一种黏性物质，和毛虫排出的丝液非常像。雌螳螂腹部末端的一个长裂缝一闭一张，就像两把打鸡蛋的小勺，快速搅拌这些黏性物质，一旦它与空气混合后，产生的如肥皂泡一般的灰白色泡沫就开始发黏。

雌螳螂腹部的末端在开合时，如同钟摆一般左右晃动，每晃动一次，就产下一层卵，然后在卵上覆盖泡沫，泡沫会快速凝固成固体。

在新造的巢穴出口处，抹着一层多孔涂料，这涂料纯白无光，和整个窝的灰色调形成鲜明对比。

就像蛋糕师做糕点的外层时把蛋白、糖、淀粉搅拌后涂抹一样，这层纯白的涂料极容易剥裂脱落下来。一旦涂层脱落，就可以直通出口区。猛一看去，螳螂好像使用了两种材料，但事实上仅仅是使用了一种材料。

螳螂用两把勺子似的尾巴，去擦拭涂层表面，擦掉泡沫浮皮，盖在巢穴的背上，再将余下还没有凝固的泡沫，摊在巢穴的侧边。涂在背上的黏性泡沫最薄最轻，反射光线很强，所以非常显白。

螳螂简直像一部奇巧无比的机器！

它居然能够如此有条理地快速排放角质物质、保护性泡沫、卵和大量的水分，同时还能构建重叠的薄片和通道！

我们人类都没有它这么有条不紊。如此之多的工作，对螳螂来讲，却是如此轻而易举！它无须来回奔忙，对它在身后建造起的建筑似乎漫不经心，它的爪子也没有予以配合，可所有完成的一切全部是自动进行的。

排卵和造窝这样的全部工程，大约需要两个钟头才能完工。

一旦排完卵，雌螳螂就会毫不留恋地离开。

看到这种冷酷无情的场面，我真希望它能够幡然悔悟，回来对襁褓中的幼虫表示一下关怀。但是，它根本没有流露出一点母爱。似乎一旦分娩结束，剩下的所有事情就与它没有任何关系了。

一些蝗虫靠近了卵窝，甚至其中一只已经放肆地爬到了窝顶上。

这些蝗虫如果对这些卵窝有危险举动，比如它们试着捅开卵窝，螳螂会不会把蝗虫赶走？显然，漠不关心的它告诉我，它肯定不会那样子去做。这窝卵，在分娩完成就已经跟它没有一点关系了，它压根都不记得这是自己孩子的窝了。

螳螂卵的孵化

阳光灿烂的六月中旬，螳螂卵开始孵化，一般是上午十点钟左右。

前面我们提到过，卵窝供幼虫出来的地方，是由中央那块小鳞片组成的。我们能够观察到，起初从一个个鳞片下钻出一个圆块，几乎是半透明，紧接着是露出两个大黑点——那黑点就是幼虫的眼睛。

在薄片下，新出生的幼虫扭动着躯体，有一半的幼虫业已挣脱出来了。它们有个圆而肿的头部，呈乳色，身体则呈现淡黄带红的颜色。它们的嘴贴在胸前，腿往后紧贴在身体的前部。除去这些腿，它们的一切，都不由让人联想到蝉的幼虫初出壳时像极了无鳍小鱼的样子。

这些细小的螳螂，非常艰难地爬过曲折而又狭窄的通道。

它那细而长的腿无法伸展，只能够弯曲着，就好像踩高跷一般；用来攻击对手的弯钩和纤细的触须，都成为它爬出来的阻碍。所以，螳螂的幼虫躯体上会包裹一层襁褓，结果，它看起来就好像一个小船儿。

螳螂的幼虫终于出现在那些薄瓦片下，它的脑袋因不断充满水分而膨胀，最后就像一个半透明状的水袋。它不停摇动着整个身躯，反复伸展、收缩。每一次摇动，脑袋就膨胀一些。最后阶段，螳螂幼虫的前胸、背部的外壳开始不断破裂。它拧过来扭过去，来回摇晃，屈身弯腰，挺直身体，终于先解放了腿部和触须。这时，全身和卵窝相连接的就是一根细带子。这样一来，它只需最后再摇动几下身体，就可以全然脱出来。

窝里全部的卵并非同时间进行孵化，而是一部分、一群群地分别孵化，结果是最后产在末端的卵却先孵出来。这般奇怪的事情，是因卵窝的形状所导致。因为末端逐渐变得尖细，更容易照到温热的阳光，所以这个位置上的卵比圆钝一端的卵更早苏醒，而且后者个头比较大，且不能快速充分得到孵化所需要的热量。

但是，也会出现整个出口区的卵一起都被孵化的情况。结果，成百只的小螳螂拥来挤去，唯恐落后似的往外挤，场面非常震撼。当一只螳螂的幼虫刚刚才露出黑黑的眼睛，立马许多黑眼睛也会呼啦一下子露出来，就好像是一只幼虫摇动躯体发出信号，一下就将信号传给了其他幼虫一般，导致其他的卵快速孵化，结果转眼之间卵窝的中部就挤满小螳螂。小螳螂们热闹地拥挤着，纷纷脱掉外衣，之后或是掉到地上，或是攀爬到近处的树叶上，全部过程不超过二十分钟。几天后，又会孵化出来一群幼虫。如此反复，直到全部的卵孵化完毕。

对于螳螂幼虫的孵化情况，我反复观察过很多次，曾经还考虑如何更有效地保护刚刚出生的幼虫。但是，无论怎么努力，还是看见有

幼虫被杀害。虽然螳螂产卵非常之多，却总是无法有效防备那些喜好吞噬幼虫的杀戮狂。

对消灭螳螂的幼虫，蚂蚁表现出过分的热情。每天蚂蚁们都会到螳螂窝探头探脑。由于它们没有办法在螳螂的堡垒上找到缺口，于是就鬼头鬼脑地窥视幼虫出窝。一旦小螳螂孵化出来，转眼之间就会被凶恶的蚂蚁捕获。蚂蚁把小螳螂直接从外壳里拖出来，毫无怜悯心地把小螳螂们咬成碎片。这些失去保护的新生儿也只能胡踢乱踹表示反对。凶恶的强盗则叼着小螳螂的残骸，心满意足地回窝。对无辜者的大屠杀眨眼就能够进入尾声。在杀戮中，能够幸免的小螳螂非常少。

想不到吧，这些未来长大就是吓破敌胆的昆虫界杀手、令蝗虫闻之丧胆的吃生肉者，在刚刚出生时，居然会被昆虫界小个子的蚂蚁吃掉。不过，惨遭蚂蚁屠杀的过程并不长。因为螳螂幼虫出来后，接触一会儿空气就能变得强壮起来，不会再受到伤害。这时候的小螳螂如此强壮，以至于从蚂蚁群中穿过去时，蚂蚁都不得不避之大吉，压根就不敢再对其发动攻击。小螳螂收在胸前的前腿杀气腾腾，完全是一副随时准备回击的架势，它那傲岸的气势直接吓住了蚂蚁。

不过，另外一个喜欢吃嫩肉的敌人，对它这种威风凛凛的架势完全无所畏惧。这讨厌的敌人便是小蜥蜴。

小蜥蜴用舌尖把从蚂蚁口中逃脱的螳螂幼虫，挨个舔入嘴里。虽然每一口只吃到一点，但是，味道如此可口，以至于小蜥蜴半闭起眼睛，显出一副非常惬意的样子。

小螳螂只有这些天敌吗？不是。其实赶在蜥蜴和蚂蚁之前，还有一个掠夺者,它的个头最小,但是更加恐怖——它就是身上带有刺针的小叶蜂。

小叶蜂用自己锐利的针刺进螳螂窝，干脆把自己的卵产在螳螂窝里。小叶蜂的寄生卵比螳螂卵早孵化完成，这些孵出来的寄生虫以螳螂的胚胎为猎物，毫无悔意地吃掉螳螂卵。螳螂的子孙因此而遭到了与蝉相同的悲惨命运。

螳螂吃掉蝗虫,蚂蚁以螳螂的幼虫为食物,野鸡吃掉蚂蚁,而人则以野鸡为美味。

希望我自己能够为微不足道的昆虫价值说句公道话。在每天的晚餐后,我的身体业已从饥饿中恢复,在接下来的寂静的氛围中,我的脑海不断地爆发思想的火花。

可能螳螂、蝗虫、蚂蚁,其他甚至更小的昆虫,都会如此帮助人进行思考。但是,我不知道为什么会这样,更不知道如何做到这样。经历过曲折的、无法用语言明确表达的过程后,这些昆虫以各自不一样的生命，给我们的思想之灯添加了一滴油。它们的能量在潜移默化中加工、贮藏,并传递到我们的血管中,在我们精力不足时提供滋养。

靠着它们的牺牲，我们得以继续生活。世界就是这般循环往复——因为有结束,才有新的开始;因为有死亡,才有新的生命。

第四章　白面螽斯

白面螽斯的习俗

在我生活的地区，作为昆虫中仪表堂堂的歌手，白面螽斯在蚱蜢家族中属于第一位。并非能够经常见到它，不过，捕捉它却也并非什么难事。

白面螽斯外衣呈灰色，它有着发达、强健的大颚，象牙色的宽大面孔。在每年最热的时节，它会在草禾上跳来跳去。笃蓐香树的石子堆下，更是它喜爱的场所。

七月底，在挑选过的土堆上，我用金属网给白面螽斯造了一个窝，雌雄白面螽斯一共十二只。

让我头疼的是它们的食物。蝗虫能以任何绿色的东西为食物。根据这种情况，白面螽斯的食物应该同样是绿色植物。所以，我去园子里摘了些最美味、最嫩的莴苣、菊苣、野苣叶子给它们吃。没想到，这帮高冷的家伙压根都没有去碰一下。看来这些并非它们喜爱的美食。或许，它们强健发达的大颚，更喜好难啃的东西吧。因此，我就尝试着用各种禾本植物给它们做食物。普罗旺斯农民称为米奥科，而植物学家称为狗尾草的蓝黍，就是其中之一，何况秋收后田里到处都是这种野草。

白面螽斯居然只吃这种蓝黍籽，它异常满意地咀嚼着籽粒。想不到的是，就算是非常饥饿，它们也不吃这种黍的叶子，仅仅吃穗粒。

好了，它们的食物终于找到了，或者就算是暂时找到了吧，待以后的发展再看吧。

清晨，当阳光跃进我书房的窗台时，我在门前摘来一捧普通的黍子，作为当天的口粮进行分发。白面螽斯拥挤在黍茎上。它们把大颚直接扎入穗丝里，叼出来那些还没有成熟的籽粒不停地大嚼着，大家和平共处，没有发生什么恶性争斗。

由于衣着的缘故，它们看上去就像一群在啄食农妇撒的谷粒的珠鸡。嫩籽被剥掉外壳后，即使再饿，它们不会去吃剥下的外壳。

在这酷热的三伏天，为了使它们食物更丰富一些，我为它们采摘来阻挡夏日炎热的厚厚的阔叶植物。

这植物就是普通的马齿苋，是一种长在菜园里的野草。看来它们非常喜爱这种食物。其实，螽斯吃的并非水分充足的叶子和茎，而是颗粒饱满的半熟果实。出乎我意料的是，它们对鲜嫩果实的非比寻常的偏爱。在希腊单词中，dectikos[1]一词的意思本来就是“喜欢咬”。没有任何意思，仅用于表示序数的名词，足以用来命名；但是我认为，如果某个名词本身就有特殊意义，而且读起来朗朗上口，用以命名是最好不过的了。dectikos这个名词就恰如其分，因为白面螽斯的确喜欢“咬”。所以，你对它必须小心点，你的手指头一旦被这个粗壮的蚱蜢咬住，毋庸置疑一定会被咬出血的。

---

① dectique（白面螽斯）一词来源于希腊语dectikos。

正因为如此，我在实验时总是尽可能小心应对它那强健的大颚。

难道，这般发达的大颚，只能用于咬食半硬的果实，却没有其他作用？难道，像磨子一般的大颚，仅仅用以磨碎不成熟的小籽？我很可能疏忽了某些应该注意到的情况。既然白面螽斯长有铁钳一样的大颚和发达的咀嚼肌，肯定能够咬碎某些非常难啃开的猎物。

最终，我知晓它到底是以什么为主食。虽然，它并非只吃这一种东西，但起码也算它的基本口粮。

在网罩的笼子里，我放进去一些体格强壮的蝗虫——有时是这种蝗虫，有时是那种蝗虫。（蝗虫的种类下面的附注有说明[①]。）白面螽斯也会以某些蚱蜢类昆虫为食，不过比起其他食物要少一些[②]。

可以相信，只要我能够抓住，无论是蝗虫，还是蚱蜢，不管是哪一种，只要这些食物的大小合意，它都会很高兴笑纳。

无论是新鲜的蚱蜢还是蝗虫，都属于这些贪吃的家伙的口中爱物。不过，蓝翅蝗虫才是它们最经常吃的食物。

美食大会餐在那个网笼里举行！凶恶的餐宴一幕幕上演：当网罩里放进它们的食物，白面螽斯兴奋异常，尤其是它们早已饥肠辘辘时。它们狂喜般地跳脚，可是，长腿导致行动起来不那么方便，只能跌跌撞撞地扑过去。

于是，一些蝗虫一下子就被这些凶恶的捕食者逮住，另一些立刻跳到网笼顶上绝望地挂在那里。

由于过于笨重，白面螽斯爬不到那上面去。但是，别急，这些蝗

① 蓝斑翅蝗，红斑翅蝗，青翅束颈蝗，意大利蝗，黑面蝗，长鼻蝗。——原注
② 草螽，跳螽，距螽。——原注

虫仅仅是悲惨命运稍稍推迟而已。用不了多久,或者因为筋疲力尽,或者实在忍受不住下面绿色植物的诱惑，它们会自行从上面爬下来——可想而知是什么样的命运在等待它们:转瞬便为俘虏。

这些猎物被困住前爪，它们的颈部首当其冲成为攻击目标。蝗虫的盔甲总是在头后部这个地方先张开，白面螽斯对该部位连续撕咬,待其停止反抗就放开猎物,放心大胆地大吃大嚼起来。

用牙齿攻击对方,属理智之举。蝗虫有着异常顽强的生命力,就算是头被咬掉,躯体还能够不停动弹。曾经,我就看到过蝗虫已经被咬掉了半截躯壳,居然依旧拼死挣扎,妄想努力跳开去。当时若是在灌木丛中,这半截身体完全可以逃脱。

不过，看上去白面螽斯完全知道蝗虫的这种逃生之计。蝗虫擅长运用强壮的大腿快速脱逃，所以,白面螽斯为了尽快制服蝗虫,首先咬伤并拔出对方神经中枢——颈子上的淋巴结。这是一场不期而遇的杀戮,还是特意选择攻击颈部？不。我观察到,对于蝗虫这种精力充沛的猎物,白面螽斯一直采用这种方法行刑。

对于新鲜的蝗虫尸体,或者蝗虫已经半死不活而丧失自卫能力,掠食者就会用爪子随意选择一个部位进行攻击。后一种情况下，白面螽斯或者是先咬食腿部这块佳肴,或者是从肚子、背、胸开始进攻。只有在极端棘手的情况下,它才会首先攻击对方颈部。

白面螽斯智商这般低下,但是天生却有残杀猎物的技术,这一点在其他很多昆虫身上可以看到相似的例子。不过，这技术实在太过粗糙,仅仅是肢解牲畜的粗暴手段,并非解剖专家的高超技艺。

白面螽斯的饭量令人意想不到的大,两到三只蓝翅蝗虫,远远不能填饱它的胃。它几乎是把整个蝗虫都吞进肚子里，仅仅扔掉吃起来很硬的翅膀和鞘翅。

不只吃美味的野味，它还吃黍禾和新鲜的小果实。这些笼子里的“囚犯们”都是些大肚子饕餮，它们在吃食如同风卷残云，简直令人动容。但是，更让人印象深刻的是，它们从动物到植物的吃食转换居然易如反掌。这些饕餮的胃居然一点不挑食，并不是只吃某一种食物，而是一概笑纳。假若有更多白面螽斯，农业会因为它们而获得一些好处：它们可以消灭让人色变的蝗虫——那些蝗虫在广大的农村，破坏力是那么惊人。另外，它们咬食一些植物的嫩果实——这些植物对庄稼有害。

白面螽斯对保护农业的作用虽然微不足道，但是，鸣唱、婚配和习俗，使它们的荣誉配得上在网笼里生活——因为，它们能够让人类遥想起悠远的远古时代。

在遥远的地质时代，白面螽斯的老祖宗们又是怎样的一种存在呢？现在，这种昆虫显得比较温和安静，让人不禁猜测早期有着的粗野的怪异行为已经消失。但是，今天人类还是可以依稀察觉到它们已经蜕化的习俗。但是，化石在这个问题上却无法满足人类的好奇心。不过，人类依然有办法寻求回答：那就是完全可以在石炭纪昆虫后代身上找到答案。完全可以确定，今天的蚱蜢类昆虫还遗留有远古习俗。因此，我们才可以知道它们过去的情况。

我们就先来了解白面螽斯吧。

网罩笼子里，这群已经饱餐一顿的昆虫，正趴在那里晒太阳。看起来，它们心满意足，触须惬意地轻轻晃动，除此之外不肯再动一下。

炎热的酷暑，已是午休时分，难免有些昏昏欲睡。

过了好长时间，有只雄白面螽斯醒来，表情严肃地踱着步。它微微抬高鞘翅，时而“哟咳——哟咳”地叫上一两声。渐渐地，它开始变得活跃起来，鸣叫的节奏也加快起来，一展悦耳的歌喉。

雄白面螽斯展开歌喉，是在为自己婚礼而歌唱吗？它的歌曲是不是祝贺婚礼的呢？这点无法肯定。因为它的歌喉对近在眼前的“女宾”效果微乎其微。对那群女听众来说，很明显没有谁被打动，它们压根都没有离开朝阳的好位置，也看不出有谁在倾听这演唱。

偶尔会有其他两三个雄白面螽斯加进来进行合唱。如此多的雄白面螽斯一起发出邀请，依然没有效果。雌白面螽斯明显无动于衷，没有任何热情的回应。它可能会被求偶者美妙婉转的歌喉所打动，但是表现得如此高冷，没有一点情绪流露出来。

歌声如此美妙，听者却如此冷漠。可是，激情四射的歌声在继续提升调门，到后来简直就像摇纺车时连续不断的噪声。云层遮住太阳时，歌声才会停止；太阳一旦又露出来，歌声立马重新开始。

不过，无论如何，雌白面螽斯们照旧是不为所动。它们或者休息，而且连触须都不会动一下；或者在啃食蝗虫大餐，生怕错过一口。因此，完全可以判定，雄性的歌鸣仅仅是为了表达它们自己的快乐而已。

到七月底，它们开始举办婚礼。不过，婚礼并非想象的那般浪漫。一对“天成佳偶”的白面螽斯，并没有经过激情恋爱。它们仅仅是偶然的机缘碰上面，就脸靠脸动都不动一下不再分开，用细如人发的长触须互相触摸。看起来雄白面螽斯非常拘谨，仅仅是挨下面孔，抠下脚板，偶尔发出咳咳声。按情理来讲，这时本应是大展歌喉的最佳时刻。可是，为什么它偏偏没有用温情脉脉的歌喉歌唱爱情，却总是挠挠脚板？是的，它居然没有鸣唱，在新娘面前一声不吭，而且，它的新娘同样没有任何表示。

它们在一起只有很短暂的时间，雌雄螽斯的爱情，仅仅是彼此表示一下而已。它俩脸挨着脸，相互之间在悄悄地耳语什么吗？看上去，它俩没有任何语言的交流。很快，它们没有任何表示就分手了，各走各的路，形同路人。你肯定想不到，到了第二天，这一对白面螽斯居然又碰面了。

这一回相聚时，用来唱歌的时间还是那么短，但是鸣唱的力度大于头一天，不过没有交尾时的歌声响亮。然后，就是重复昨天已经看见过的场面：用触须触摸对方，轻轻拍打鼓起的腹部。雄白面螽斯依然是那般冷静。它依旧是时不时咬脚爪，似乎是在思考。

婚礼虽然令人兴奋，但是也可能存在危险——是否会发生如修女螳螂一样的婚姻悲剧呢？这婚礼会不会也有同样的危险呢？现在，还没有任何迹象，我们还是静下心等等看吧！

婚礼过后几天，险象终于开始露头。力大无比的雌白面螽斯抬起产卵管，翘起后腿，把雄白面螽斯打翻在地，再恶狠狠地压在身体下面。从姿势看，雄白面螽斯不是胜利者，这点完全能够肯定！雌白面螽斯压根没有考虑雄白面螽斯的感受。它鲁莽地撬开雄白面螽斯的鞘翅，不断咬雄白面螽斯的肚皮。

它们两者究竟谁才是主动一方？难道角色发生了颠覆？被挑逗一方现在却成了主动挑逗的一方，新娘粗鲁的抚摩，导致新郎遍体鳞伤。

新娘完全是盛气凌人，打算制服对方，令自己的爱人心生恐惧。

被打翻在地的新郎胡乱踢着脚，看上去它有反抗的企图。接下来会发生什么？今天，还无法知晓。

最终，我们还是看到了大结局。螽斯先生又一次四脚朝天地被掀翻在地。螽斯夫人的双腿高高支起身体，与地面呈垂直状，跟躺倒在地的雄螽斯进行交配。这时，它们俩的腹部末端弯成钩状，彼此试探着寻找对方，最后终于连接起来。一会儿，辛苦的雄螽斯不断抽搐的肚子里冒出来一个大个的东西，这玩意以前从来没有见到过。那一刻，雄螽斯就好像把内脏全都排泄出来了。

这冒出来的东西更像个乳白色的袋子，它的大小和颜色接近槲寄生植物。由小沟分隔成四个部分，下面两个大些，上面两个小些。但是，有时这些口袋的数目要多些。整个袋子像一个蜗牛产在地上的那种卵包。

这个怪异的“袋子”一直挂在准产妇尖刀般的底部下面。雌螽斯带着这个奇特的“褡裢”满足地走开了。这个所谓的“褡裢”，被生理学家称为精子托，它是卵子的生命源——换一种说法是，这个细颈瓶是用自己的方式，把胚胎演化所需的养分输送到需要的地方。

如今，起这种作用的“细颈瓶”已经是世所罕见。现在的生物界里，使用这种奇怪器具的可能只有章鱼和蜈蚣——然而，章鱼和蜈蚣恰恰都是远古遗留的动物。作为远古早期世界的又一个代表，白面螽斯仿佛告诉我们，在现在的世界看来非常奇异，其实在太初时期完全可能是普遍性存在的。特别是，我们在其他蚱蜢类昆虫中还找到同样的事例，更能够说明这一点。

在一次惊心动魄的交配后，雄白面螽斯获得“解放”，它拂去尘土，不一会儿就又开始欢唱。现在，由着它放心大胆地欢唱吧！接下来，我们还得继续干“正事”——观察未来的母亲的情况。

交配完，雌白面螽斯带着细颈瓶——玻璃般透明的乳液塞子塞住的细颈瓶，郑重地走开去。偶尔它会踮着脚跟，弯着身子。这时它就能用大颚去衔那乳白色袋子。它温柔地咬着、揉捻着袋子，小心翼翼地不弄破表层，防止袋子里的东西漏出来。每一次，它都会诡异地从袋子表层扯下一小块，反复在嘴里嚼，最后再吞下去。如此反复二十分钟。袋子不断地瘪下去。最终，除了袋子底部，唯一剩下的就是乳液塞子。

接下来，它把剩余的袋子直接从塞子上撕下来。这大块东西柔韧、黏糊糊，需要用它那粗壮的大颚反复咬嚼、揉捻、搅拌，最后才能把它全部吞下肚子去。

最初，我认为所观察到的这场恐怖欢宴，仅仅是个别白面螽斯的反常行为，不可能再找到同样的事例。但是，观察到的事实，让我认识到我的判断是错误的。曾经接连四次我看到它们带着那袋子。没过多久，它们就扯下袋子，花上几个小时，用大颚加工袋子，最后再把袋子大口地吃下去。

通过多次的观察，可以肯定：这种行为是完全合乎它们的生活规则的。很可能，这个具有诱惑力的受精袋能够刺激食欲，属于最佳美食。所以，在雌螽斯到达目的地后，就开始大肆咀嚼、品味这个袋子，直到最后把它吃下去。

完成怪异的大餐后，白面螽斯受精卵的底部还连接在产卵管上。受精卵的底部有两个明显的乳突状东西，大小与梨子果实差不多。

昆虫采取了一种奇怪的姿势来摆脱掉这个东西。它将产卵管的一半，笔直地插进土中，作为支撑点。长长的后腿胫骨分开来。这样，躯体被抬起来，和坚刃般的产卵管就形成了稳定的三角形。

接下来，白面螽斯的身体弯成一个封闭的环，用尖锐的大颚，拔去透明的乳液塞子构成的底部。所有的剩余物都被吃掉，没有一点儿浪费。干完这些，白面螽斯还没有闲下来，它用自己的跗节擦拭产卵管，清洗得非常干净。最后，它会把一切恢复原位。而那个累赘的袋子完全没有剩余。这头雌昆虫恢复通常的姿势，开始去啄食黍穗的细小果实。

再看看那头雄白面螽斯吧。它形销骨立，似乎是在干了一番大事后被累垮了。它蜷曲着身子，在那里完全不动弹。以至于我还以为它已经没有气了。其实这是没边的事儿——这个小年轻一旦恢复气力，就站起身，掸去身上的尘土，不声不响地离开了。

十五分钟之后，它吃过食物，就又放开歌喉。不过，此时的歌声不再那么热烈，更没有婚礼前的歌声洪亮，而且歌声持续的时间变短了。不过，无论怎么评价，筋疲力尽的它还是在尽可能地放大声量。

它是在期望新的艳遇吗？看起来不可能。因为太过消耗体力，所以不应该再如此！肌体不可能永远满足这方面的要求。但是，过了第二天，它吃下蝗虫之后，恢复元气，这头雄白面螽斯又开始高声地弹琴歌唱，比之前更加卖力，就像情窦初开而非过来人。它的执着，让我感到异常震惊。

它的歌声假如真是为了诱惑异性，那么，为什么它又娶一个新娘？要知道，不久前它自己的肚子才“贡献”了一袋子精液，那可是它积累的全部生命啊！它的身体完全被掏空。不！不会再来过！对身材臃肿的螽斯来说，这种事太耗费身体，是不能再干的！因此，可以判定，现在它的歌声，虽然是那般畅快，但肯定不是为婚礼而为。

通过近距离的观察，可以发现一个事实：即使雌白面螽斯多么热烈地用触须挑逗，这个歌手却不再理睬。而且，这头雄螽斯的音量越来越衰弱，歌声也越来越少。

两周以后，它就关闭歌喉不再出声，更没有力气去拨弦。因而，它的悠扬琴曲也消失了。这头被掏空身体的雄白面螽斯几乎不吃任何东西。它找到一个安静之处，疲惫不堪地一头倒下，最后身体抽动了一下，然后一伸腿就死了。

它的那个寡妇偶然路过这里，看到业已咽气的丈夫时，竟然顺便把它的一条腿吃掉了——就是这样寄托哀思的。

有着相同行为的，当属绿色蝈蝈。

我做过这样的实验：把一对雌雄蝈蝈放在玻璃罩下直接进行观察。

在交尾结束后，我观察到，在准母亲的产卵管末端挂着一个东西，那玩意像覆盆子果实。后面会专门谈这个东西。

雄蝈蝈在交尾后，看来是非常疲劳，居然安静到没有一点声响。不过，到了第二天，它恢复过来，发出的歌声却比任何时候都欢快。当雌蝈蝈在地上产卵时，它在歌唱着；产卵结束，对于传宗接代来讲，已经没它什么事了，但是，它还在轻快地歌唱。很明显，它不停地歌唱，没有什么明确的目的。如果说，鸣唱是为了召唤异性，那么，在它鸣唱时，一切业已完成，并且早就告一段落了。

终于，有一天，它的生命枯竭，再没有了笙箫和鸣——这个如此热爱歌唱的歌手死了。它的未亡人模仿雌白面螽斯，把它身上的嫩肉吃掉。未亡人爱它如斯，把爱吃进肚子里去了！

蚱蜢类昆虫中的绝大部分，都有这种把爱人当食物的习性，只不过没有修女螳螂那么残忍——在情人还活着时，就把对方吃掉。雌螽斯、蝈蝈儿和其他昆虫，起码要等可怜的丈夫死了以后才下嘴。

大部分雄性昆虫就这样悲惨地变成了情人的腹中物。被活着吞进腹中的一方，肯定准备反抗——它想活下去，而且可以活下去。但是，它没有有效的防御手段，只能够发出几声鸣唱——此时的鸣唱肯定不是歌颂婚礼的。痛苦垂死的它，肚子上已经被咬开一个洞。它的痛苦呻吟和晒太阳时欢快的鸣唱一样。无论是表达痛苦，还是表达欢乐，它的乐器演奏出的音符都是一模一样的。

白面螽斯的产卵和孵化

白面螽斯是一种属于非洲大陆的昆虫。在法国，除普罗旺斯和朗格多克之外,其他地方很少有这种昆虫。因为,它需要高热量的阳光——这充沛的阳光能够使橄榄树快速成熟。

是不是由于高温的刺激，才产生如此不正常的婚姻关系？这种生活习性是不是受气候影响？在酷寒条件下的行为，是不是和在炎热的地方一样？为此，我向另一种白面螽斯——阿尔卑斯距螽进行"请教"。这种昆虫定居在高高的万杜山上的圆形山顶——在那里，积雪长达半年时间。

这种蚱蜢类昆虫有着奇特的颜色和形状:下部都呈缎白色,但是上部有的呈橄榄黑,有的呈鲜绿色或淡栗色。

它们的飞行器官只剩下了残基。雌螽斯的鞘翅，是两片白色短小的薄片,彼此分隔开。在雄螽斯的前胸边缘下,长着两个凹形的小鳞片,也是白色的,左上右下地彼此重叠。雄阿尔卑斯距螽的两个小鳞片是它的洋琴和弦弓,很像螽斯的发声器官,只是略小一些而已。另外,从外形看,和螽斯有一些相似之处。

我不知道这么小的音钹是否会唱歌，我也不记得在当地是否听到过它的歌声。这且不说，饲养了三个月这么久，我也没有了解到这方面的任何情况。因为，这些过着愉快生活的俘虏，始终没有吭一声。

这些来自阿尔卑斯山的昆虫，似乎并不留恋老家的寒冷山地。

它们在老家那儿以什么为食？是阿尔卑斯的早熟禾、塞尼山的堇菜，还是阿里奥尼的风铃草？不得而知。我可没办法搞到阿尔卑斯山的花草，所以，我就拿菜园里的天香菜给它们做食物。它们竟然一点也不拒绝。

它们也同样吃半死的蝗虫，用植物和动物交替作为食物，甚至还会以同类为食物。这些来自阿尔卑斯山的山民中，一旦有谁步履蹒跚、行动不便，它的同伴就毫不客气地吞噬掉它。观察到现在，还没有任何特别的例外。毕竟，这属于蚱蜢类昆虫普遍的习性。

阿尔卑斯距螽交尾过程非常有趣，没有任何明显的前奏，发生得非常快。雌雄之间有时在地上交配，有时在网罩上交配。如果是在金属网上进行交尾，身上带着"尖刀"的雌阿尔卑斯距螽就会死死抓住网罩，借以承受着配偶的全部体重。雄阿尔卑斯距螽背朝下，方向相反，用多肉的后腿上的长爪子支撑在新娘的肚子上；用四条前爪，通常还需要还加上大颚，把那柄斜插的"尖刀"抓住并夹紧。就这样它们悬挂在夺彩杆[1]上，在空中进行交配。如果是在地上进行交配，这对夫妻还是保持一样的姿势，略微不同的是，雄阿尔卑斯距螽是在地上仰卧着。

无论在地面还是空中交配，结果都是一样的：排出一粒乳白色的玩意儿——这玩意儿可见的部分，其形状和大小，和葡萄核鼓起的一

---

① 夺彩杆：杆顶挂有奖品，能爬上去取下奖品者得此奖。

端非常接近。一安放好排出的玩意儿，雄阿尔卑斯距螽就一点也不留恋地马上走开去。它会不会遇上什么危险？可能会的！因为，据我观察到的仅有的一次，那确实是很危险的。

再说说“美娇娘”——雌阿尔卑斯距螽。它哪里是在进行交配，简直就是在和情人进行搏斗。头一个情人被挂在雌阿尔卑斯距螽的尖刀上，中规中矩地从后面交媾。另一个情人则是在前面的。它们被雌阿尔卑斯距螽的爪子强有力地按住，肚子毫不设防，脚爪害怕地乱动弹，对悍妇的暴力之爱，徒劳无功地抗拒着。

暴戾的新娘没有一点愧疚，它一小口一小口地咬食着新郎的肉。我亲眼观察到更凶残的场景，那可怕的行为和修女螳螂曾经展示过的一样。没有节制的情欲爆发，食肉的同时还进行纵欲，两不耽误。或许这就是远古野蛮习性的残存吧。

一般情况下，较瘦小的雄性完成交配后，就会急惶惶地逃走。被抛下的新娘，一脸懵地一动不动，似乎在等待新郎回来。

接下来，在等了二十来分钟之后，大失所望的它，躯体蜷缩成一个球，开始品尝最后的美宴——那个黏黏糊糊的“葡萄核”，被分成一小块一小块，它很严肃地咬嚼着品味着，直至吞下肚去。

把整个“葡萄核”全部吃完，它非常满足地从网罩上下来，混进同伴中去。过了两天，它就该产卵了。

这些能够观察到的事实证明，白面螽斯可怕的婚姻习俗，并非炎热气候所导致。生长在寒冷山地的蚱蜢类昆虫，也有同样的习俗，并且有过之而无不及。

证明完这种非例外性，现在，还是继续观察白面螽斯吧。在我们前面所说的怪诞交配行为完成后不久，雌白面螽斯就开始产卵。

随着卵不断成熟，雌白面螽斯开始一部分一部分地排卵。

这个母后大人用六条腿牢牢支起身体，整个肚子折弯过来成半圆形。然后，它把“尖刀”笔直地插进地里大概一法寸[1]。

雌白面螽斯排卵时一动不动，整个过程大约需要十五分钟。到最后，它稍稍提高一些自己的“尖刀”，腹部左右来回剧烈地摆动，产卵管因此而跟着横向交替运动。似乎这样子可以把排卵洞扒大一些。随后从洞壁刮下来的土，会填进洞里。

为了把土压得结实一些，它会稍稍抬起半埋着的产卵管，然后又忽的一下子，迅速扎下去，如此不停地反复。

和我们用棍子把垂直洞里的土捣结实一般，在“尖刀”横向晃动和“夯槌”上下来回的交替进行下，很快“产妇”就把井口盖住了。

当然，它需要消除掉产房外的痕迹。起初，我以为腿可以发挥作用。但是，它们的腿无法动弹，还是保持产卵的姿势，而是用“尖刀”上的刀尖，拙手笨脚地扒拉土，直到把土弄平整。待把一切清理完毕，它的肚子和产卵管就恢复到通常的部位。

雌白面螽斯小憩了一下，就巡视了周围一圈，然后回到了原先的产卵处。这里距离最开始的产卵点——它能够准确辨认——非常近，再一次插下去产卵管，又开始了它的“天职”——排卵。

在完成这次排卵之后，雌白面螽斯又会休息一会儿工夫，它又会去“巡视”四周查探情况。然后，它又回到了产卵的地方。

---

① 法寸：法国古长度单位，一法寸等于$\frac{1}{12}$法尺，约合 27.07 毫米。

进行第三次排卵时，它的挖穴器已经钻探到起先构建的储藏室的附近。如此这般地，在一次又一次地在周围短时间的散步后，它又开始排卵。在不到六十分钟的时间里，它反复排卵了五次，并且，每次的排卵点彼此之间非常近。

等到白面螽斯全部排卵结束，我过去挖开了它的储藏室。它的卵孤独地被产在土中，蝗虫给卵提供的带泡沫的鞘壳，没有小房间，可以说是没有任何保护设施。一只雌白面螽斯通常产卵六十来个，那些卵呈浅灰色，不沾染一丝灰尘，梭子般排列，整体呈椭圆形，长达五六毫米。灰色螽斯的卵通常是黑色的，葡萄树距螽的卵通常呈灰白色，阿尔卑斯距螽的卵则是淡紫色的。

绿色蝈蝈儿的卵呈深橄榄绿色，和白面螽斯一样，产卵数目达六十多个。但是，这些卵有的很孤单，有的却是一小群粘连成一团。

通过观察知道，蚱蜢类昆虫的挖穴器，是用来为生产后代"播种"的，它们和蝗虫不同，蝗虫把卵装在硬的泡沫鞘壳里，而它们把卵单个或者一堆产在土中。

对卵的孵化过程进行考察是很有意义的——后面我们再谈理由。

八月底，我把许多螽斯卵放进玻璃瓶中观察，瓶中铺了沙土；这样一来，它们可以免去在大自然里必然会遭受的恶劣气候。但是，没想到的是，过了八个月，那瓶子里没有一点变化。

在六月份到来时，已经能够在田野里经常看见小螽斯。有些急不可耐的小家伙，个头差不多是成年螽斯一半大小。这点说明，在初夏明媚的阳光下，已经出现早产的螽斯。但是，在我的"实验室"——大口短颈瓶子里，没有任何孵化的苗头。八个月前采集来的卵，当时是什么样的，现在还是什么样子。没有出现褶皱，外观没有变成褐色，外表依然是那样完好。瓶子里的卵，为什么到时间了却没有孵化呢？

对这种情况，我是这样猜测的：螽斯像植物播种一般，把卵产在土中，在那里没有任何呵护，卵可以受到大自然雨雪的滋润，而瓶子里的卵，一年当中三分之二的时间，都待在干旱的沙土中，它们很可能缺乏种子萌芽所必需的东西。或许，动物的卵也和植物种子一样，需要湿润的环境。因此，我决定试试。

为了进行有效的观察，我取来一些一直没有孵化的卵，把它们放进实验用的玻璃管里。事先在管子里面撒了一层潮湿的细沙，用湿棉花塞住管子口，这样可以保持管内的湿度不变。管子里的沙，有一法寸左右的高度，和产卵管排卵需要的泥土深度相当。不了解实验的人，看到我准备的这些东西，估计不会想到这是个孵化器，却误以为是植物学家用来进行种子实验的仪器。

夏至带来高温，螽斯的卵开始孵化。这些卵慢慢胀大。卵的前端出现了两个大黑点，那就是眼睛的雏形。观察其外壳时，可以看出那壳快要裂开了。

之后的两周里，我几乎是每分每秒都在进行严密的“监视”，这个经历实在是太枯燥，毫无趣味可言。通过这样严密的观察，能够了解小螽斯出卵时的全部，可以回答我一直在苦苦思考却不得其解的问题。

螽斯把它的卵埋进土里时，根据自己的产卵管——或者说叫作挖穴器——的长短不同，导致埋卵深度不等。在我所居住的这个地区，最佳的螽斯挖穴器所播下的“种子”，深达一法寸，几乎没有例外，到处皆如此。

夏天即将到来，那些新生婴儿在草地上呆笨地跳来跳去。

它们和成年螽斯一样，有着长长的、发丝般粗细的触须，身子后面长有两条非同一般的长腿——很明显，这对“高跷”是用来跳跃的，如同撑竿跳时用的大撑竿。但是，平常走路，非常不方便！

这般弱不禁风的小昆虫，又是如何从土里钻出来的呢？它使用了什么方法，才能够从坚硬的泥土中，开辟出一条通路？要知道，一粒不起眼的细小的沙粒，就足以使它那羽毛饰品般的触须折断；稍微用点力，它的长腿就会被碰折。一切迹象似乎在说明，这个柔弱的小不点，完全不可能够到达地面，不可能获得“解放”。

矿工在下井时，都必须穿上保护衣。这道理看来昆虫也明白——在土壤中钻洞出来时，小螽斯也需要穿一件外套，以保护它顺利平安地钻到地面。它需要有一种简约的、起过渡作用的紧身外套，这样，它就可以穿过沙土，到地面去。这件外套必须是可以剥离的，和蝉从枝头蜕皮时、修女螳螂在迷宫般的窝里出来时，所穿的外套一样。

这样的逻辑推理，应该是切合实际的。事实上，头一天刚生下来时的白面螽斯，和我在草地上看到的跳跃的样子，并不一样。

有一种暂时的构件，可以帮助它应对钻出土时的困难。这个细皮嫩肉的肉白色小昆虫，被一个套筒包裹住，它的六条小腿往后伸展着紧紧贴在肚子上。为了方便在土里滑动，按照身体轴线的方向包裹它的腿；另一个碍事的器官是触须，则一动不动地紧贴在这个包裹上。它的头深深弯下去，直到胸前。大黑点的眼睛和有些浮肿而模糊不清的脸，让人很容易联想到潜水员的面罩。因为头部的弯曲，颈部就彻底暴露出来。脖子在缓慢地张开、收缩，成为它前行的发动机。

只能依赖枕骨胀缩,这些新生儿才能够缓缓往前走。

当它收缩脖子时,身体的前部就正好扒开潮湿的沙,挖出一个小洞,可以供它钻进去。接下来,它颈部鼓起来,变成鼓鼓的小圆球,可以正好塞进洞里。这时,它的后身翼收缩一下,恰好就爬行了一步。它就像一个能够自行运动的气泡。不过,这个会运动的"气泡"每走一步,大概只有一毫米。

这个刚刚出生、身上几乎还没有一丝一毫颜色的幼儿,就必须用它能够膨胀的颈部挖掘坚硬的泥土。亲眼观察到这个情况,真为这个小家伙感到不易。它体内的蛋白都还没有凝固成肌肉,就必须忍受着躯体的疼痛与石头进行较量。

不过,它的努力并不是白白浪费——仅仅是一个上午的时间,这个细皮嫩肉的小可怜,居然钻通了一条一法尺长的巷道。巷道或直或弯,直径和中等麦秸的粗细差不多。一番艰苦努力之后,已经精疲力竭的小家伙,终于看到了阳光——它来到了地面。

其后,在即将离开"井"口前,它会先小憩一下,为的是养足气力,之后它开始最后的冲刺。这小家伙又一次鼓胀起枕骨的鼓泡,要竭尽全力挣破这层保护它的外壳。最后,它终于蜕去了用以钻出地面的外套。

现在,这个小家伙终于显露出翩翩少年的青春体态了。虽然,它通身上下依然还是那么苍白,不过,到第二天它就会变黑,与成年螽斯不相上下。

在它后大腿下面,还保留着一条白色斑带——这颜色,预示它到成熟的年龄时,将会长着一副象牙色的面孔。

这是我亲眼看着孵化出来的幼螽斯！你是熬过多大的艰难困苦，才能够开始你的生命啊！要知道，在你获得自由之前，你的很多同类就已经累死了。

在实验中我观察到，玻璃管里有许多小螽斯仅仅是被一粒细小的沙子拦住去路，就死在半道上，躯体上长出了绒毛，尸体都发霉了。

如果没有我出手援助，它们想见到阳光，一定会遇到非常多的危险。因为，那些泥土通常都是成块的，而且已经被太阳晒干了，非常坚硬。除非来场阵雨把泥土淋湿！否则，这些被困在坚硬如砖头般泥土中的“囚犯们”，又该如何应对？

所以，待在铺着沙土的管子里，你这个小家伙可是幸运多了——那些沙土都是细心筛过的呦！现在，你这个小黑孩子，缠着白带，轻松地来到外面。你吃着我精心给你准备的莴苣叶，你快乐地在我给你准备的罩子下跳跃。

我清楚地知道，饲养你是件容易的事，只是无法知道更多你如何生活的资料。因此，我把你的自由还给你。为了补偿你在实验中提供给我的知识，你快去那大自然绿草地上，吃花园里的蝗虫吧！

是你，让我知道了，为了从育婴室爬上地面，蚱蜢类昆虫具有一种暂时的外形，一种仅仅是初生幼虫才具有的形态。这种暂时的外形，把碍事的触须和长腿都裹进一件外套里。

是你，让我知道了这小家伙只能稍稍伸长和缩短一点儿。在它的颈子那块有一个鼓泡，一个能够跳动的小泡，为他提供运动机制——在其他的地方，我从来都没有观察到，居然能够用这么奇特的玩意儿来行走。

白面螽斯的发声器

在物质的领域，艺术在三个方面大显身手：形状、颜色、声音。雕塑家在进行操作时要勾勒形状。雕塑家模仿生活能够达到什么高度，就能够把作品模仿到何种程度。绘画者则是另一种模仿者，尽可能用黑白在平面上创造出立体感。画家除了面临绘图的困难外，还会面临用色的困难。用色的困难未必比绘图小。

这两类创作者的面前，往往有可供模拟的实物。

其实无论画家调色板上的色彩多么丰富，却总逊色于现实。同样，雕塑家的雕琢，永远无法表现大自然变化无穷的造型。形状和色彩，线条轮廓的美和光线的作用，均是通过物体展示出来，才能够被人领略到。所有的这一切，都可以根据我们的喜好，去模仿，去组合，但是不可能去发明。

与交响乐相反，音乐是没有原型的。

诚然，大自然充满各种声音，或弱或强，或温柔或庄严。在摇晃不定的树林间怒吼的暴风雨，在沙滩上狂卷出漩涡的波涛，在云层间轰隆隆暴响的惊雷，它们那雄壮的音符，让人感到惊心动魄。

松树的细叶被和风吹拂，春天盛开的百花上蜜蜂的窃窃私语，任何有一点灵敏感觉的人,都会觉得是那般悦耳。但是,这些声音很单调,音与音之间没有产生有机的联系。

大自然有着相当美妙的声音,但是,恰恰没有音乐!人比较接近的动物语音的机体,仅仅局限在嗥、吼、吠、嘶、哞、啸这些方面。假如把这些音素全部组合起来,所构成的乐章其实是一片喧嚣。

在这些粗犷的嘈杂声中,人成为万物之灵,居然能够歌唱,真算得上是令人惊奇的例外。人类这种没有什么能与其比肩的特性——把各种声音进行协调的特性,言语作为无法相比的禀赋,就由此派生出来,能够促使人正确练音。在这个方面,大自然没有提供模仿的榜样,所以,学习声乐就非常艰苦。

从鸟类开始,直到人类,都尝试一系列颤音音调,嗥,吼,吠,但是,只有人才能够说话,才可以真正歌唱。

蛙呱呱地叫完之后就沉默起来——因为肺部的"音箱",在两次张合之间,隔着一个较长时间的间隙,这时声音其实是含混不清的。

再说说昆虫吧。昆虫出现的年代比其他动物要早得多。昆虫是地球陆地上出现最早的居民,也是最早的会抒情的"诗人"。它不能产生令声带震动的气流,于是就发明了"琴弓",学会了利用摩擦发声。人类需要学习它们这种卓越才能。

各种鞘翅目昆虫就是用一个粗糙的表面,在另一个粗糙表面上滑动,发出声音的。天牛前胸上的环,在胸部的其他部分的关节上活动;松树鳃角金龟长有大的叶片状羽饰,它用鞘翅的边缘去摩擦最后一根叶片状羽饰的背骨;蜣螂和其他许多昆虫没有其他的办法。所以,如果讲出真实的情况,这些靠摩擦发出响声的昆虫,其实发出的并不是什么美妙的乐音，仅仅是一种近似风向标在生锈的转轴上摩擦出的吱咯声而已:微弱,短促,没有共鸣。

在这些能够发出吱咯、吱咯响声的步行者中,值得一提的是一种包尔波赛虫。它圆得像个球,这点和西班牙蜣螂一样,前额上有一只角。不过,它没有西班牙蜣螂吃屎的恶心嗜好。

这种貌似优雅的昆虫,喜欢待在我家附近的松树林里,在树下的沙里挖出来一个窝，到了傍晚，它会不慌不忙地从窝里出来，发出一种啁啾鸣叫——和吃饱之后的雏鸟，偎依在母亲翅膀下面时发出的鸣叫一样。

一般情况下,包尔波赛虫都会保持沉默。但是,稍微遇到一点骚动，它就会大惊小怪地鸣叫起来。如果在空盒子里放进去一打这样的昆虫,就能够听到动听的协奏曲。不过,它们发出的声音很弱,必须把耳朵凑得足够近才能听得到。

相比较可以发现,天牛、蜣螂、松树鳃角金龟,还有其他的一些昆虫,都属于弦乐器演奏者中的大胖子。但是,无论是什么情况下,这些昆虫都并非放开歌喉歌唱,它们的鸣唱,其实完全因为是害怕,完全可以说是在悲鸣,是在呻吟。只有在面临危险时,它们才会发出微弱的歌声。而且根据我所知道的,它们从来不会在婚礼上鸣唱。

有一些昆虫由于彻底变形而具有了高级机体，使它们进入高等级的行列,例如金龟子、蜜蜂、苍蝇、蝴蝶。

但是,如果想找到能够用琴弓和音钹,来表达欢乐心情的真正意义上的音乐家,则必须上溯到更久远的时代,在高等级昆虫出现之前的昆虫中去寻找。这些低等级昆虫，在地质时代就已经产生了粗陋的锥形。

事实上，能够发出鸣唱的昆虫，仅仅存在于半翅目（蝉），或者是直翅目（螽斯和蟋蟀）昆虫中。

来参加昆虫音乐会的主要是蚱蜢类昆虫。这类昆虫有着粗长的后腿和产卵管——也就是用来放置卵的"尖刀"或称挖穴器，而备受瞩目，但即使如此，它们还是排名在蝉之后，而且经常会和蝉搞混。仅有一种直翅目昆虫，可以超过它们——就是它们的近邻蟋蟀。这里，我们还是先听听白面螽斯的歌喉吧。

刚开始，白面螽斯的歌声显得锐利且生硬，简直如同金属的声响，和嘴里含着橄榄进行警戒时的鸫鸟发出的声音非常接近。

一声声"哟咳""哟咳"的鸣叫，中间有很久的间隔。然后音调慢慢开始升高，变成极快的脆生生鸣叫，除了"滴咳""滴咳"的叫声外，还有连续的低音作为伴奏。到最后尾声时，上升调中金属般的音符弱下来，变化为简单的摩擦音，成了发音速度很快的"符卢""符卢"声。

这个经常变调的歌手，连续几个钟头叫叫停停、停停叫叫。如果周围非常安静，它发出的最响亮的歌声，二十几步开外都能听得清清楚楚。然而，这并不是了不起的事情。因为，蟋蟀和蝉的声音，可以传得比它更远。

那么，它是如何进行歌唱的呢？

白面螽斯的鞘翅底部能够膨胀张开，在它的背部形成一个长三角形的凹陷，这就是音场。左边的鞘翅在这里与右边的鞘翅部分重叠，因此，在休息时就遮住了右鞘翅的乐器。这个"乐器"，人们很早就有清楚的了解，观察时也容易看清楚，这就是"镜膜"。之所以称之为镜子，是因为这个嵌在翅脉上的椭圆形的薄膜，能够反射光，类似于蒙在鼓和扬琴上的精致的皮。与鼓和扬琴不同的是，不需要敲击，就可以鸣响。当白面螽斯放声歌唱时，没有任何东西与这片镜膜进行接触，而是身体其他的振动，传递到镜膜上来而引发的鸣响。那么，它又是如何进行传递的呢？请看：

镜膜的边缘，连接着一个圆钝形的大齿状物，齿状物延长到翅脉底部的内角上。这个齿状物的末端有一个皱褶，比其他翅脉更显眼，也更大——我给它命名为摩擦脉。正是摩擦脉产生振动，导致镜膜发出鸣响。

一旦我们对发声器的"其余部分"有所了解，对这一点就不会有什么疑问。——这个所谓的"其余部分"，就是发声器官。这发声器官位置在左鞘翅上，左鞘翅平整的边缘遮住了右鞘翅。从外观上来看，压根就没有任何惹人关注的地方，看起来，它就像是一坨有些倾斜、往横里鼓出来的肉，只有行家里手才有可能看清楚，外行往往把它当作比较粗的翅脉。

这里，我们用放大镜来细细观察一番它的下面吧！在放大镜下，可以清晰地看到这块肌肉，恰恰是一个精度很高的乐器，是一根齿条大小非常均匀的弓弦。它的精细度如此完美，连人类用金属切削出钟的最小零件的技巧，都无法达到这个程度。

这件精细的"乐器"，形状好像弯过来的纺锤，在"纺锤"中间部位上，大约横刻着八十个三角形的琴齿，琴齿间隔非常均匀。构成它的材质坚硬耐磨，外观呈深棕色。这架小巧玲珑的机械，它的用途是显而易见的。

在死去的白面螽斯身上，稍微掀起来这两个鞘翅的平整边缘，然后把这支琴弓放到鞘翅奏鸣时的位置上去，我们能够看到，琴弓的齿条能够完全和摩擦脉末端翅脉吻合。整个齿条，绝对不会偏离振动点。如果你的动作足够灵巧，弹拨这个齿条，死去的白面螽斯仿佛活过来了——也就是说，这时就能够听到螽斯像活着一般鸣叫的音符。

现在，对我们来说，白面螽斯到底是如何发出声音的，已经不再是什么秘密。左鞘翅带琴齿的琴弓就是它的发声器，右鞘翅的摩擦脉是振动点，发亮的“镜子”支撑起来的薄膜是共鸣器——它的边框通过振动就能够发生共鸣。

我们的乐器，很多都使用膜来发出响亮的声音。但是，必须是通过直接击打它才能够发声。螽斯比我们的弦乐器商更有胆量，它奇妙地将琴弓与扬琴组合到了一起。

我的居所附近有两种侏儒螽斯：中间螽斯和灰色螽斯。它们的歌声比其他螽斯更弱。它们经常出现在长长的草地上，或是被太阳晒得非常热的石头上。当你想抓住它们时，它们却很快消失在灌木丛中。这两种心宽体胖的抒情诗人，在笼子里既有江湖独霸的地位，也有令人讨厌之处。

当热烈的阳光照在窗户上时，我的这些小螽斯们，已经满足地享用了绿色的黍籽粒和野味。它们中的大部分以最优美的姿势仰卧着，后腿伸得笔直笔直的。它们就这样一动不动地消化，这过程要花费好几个小时。有些昏昏欲睡；有个别的则悠然自得地唱着歌儿。可是，歌声是那么的微弱！

中间螽斯唱歌的方式是唱一会儿，歇一会儿，时长间隔一致；它发出的是快速的“胡噜——胡噜”声，和煤炭山雀的鸣唱声很近似。

而灰色螽斯的歌声像是一声又一声的琴弓声，似乎是模仿蟋蟀那单调的旋律，但是比蟋蟀的声音更嘶哑、更不清晰。这两种螽斯发出的声音如此微弱。我距离它们两米，几乎就听不见了。

为了演奏出几乎听不到的音乐——这种毫无意义的曲子，这两个小不点，和它们肥头大耳的同伴一样，拥有着一切——带齿的琴弓、巴斯克鼓、摩擦脉。灰色螽斯的琴弓，大约有五十个琴齿；中间螽斯的琴弓，则有八十个齿。在这两种螽斯的右鞘翅上，围绕着镜膜的，是几个几乎半透明的空腔，显然，这些空腔能够增大振动的面积。但是，乐器就是再好，却没有多大的用处，因为音响效果实在是太差了。

如齿条拨动扬琴这般的机能，哪种昆虫会在此方面获得进步呢？那些长着大翅膀的蚱蜢类昆虫，没有谁能做到。

无论最大的蝈蝈儿、螽斯和草螽，还是最小的跳螽、小螽斯，全部都是用琴弓的齿来拨动发声镜膜的边框——可是，它们全都属于左撇子。也就是说，左鞘翅的朝下那一面的琴弓，叠压在带有扬琴的右鞘翅上。归纳起来，所有的昆虫歌声都很微弱、模糊，近乎听不到。

只有一种昆虫的发声器官的结构不需要任何创新，只需要做小的改动，就可以发出响亮的声音。它，就是葡萄树距螽。

葡萄树距螽是没有翅膀的，它的鞘翅也仅仅是两个凹下去的鳞片，鳞片上同样也有凹凸起伏的花纹，这些花纹一个嵌套着另一个。它们就像两顶圆帽，属于飞行器官蜕化后的残余，现在却成了专门发声的器官。为了更好地鸣唱，昆虫甚至放弃了飞行方面的某些功能。

距螽把乐器藏在拱顶下——由马鞍状紧身胸甲所形成。按昆虫界的惯例，在上面的左鳞片，朝下的一面有齿条。用放大镜去观察，可以明确地看到八十个横排的锯齿。它的这些锯齿，比起任何其他蚱蜢类昆虫，都要粗壮有力，齿形也更清晰。左鳞片在下，圆形的顶部有一点塌陷，镜膜闪烁发光，边框是一条粗大的翅脉。

这个乐器的结构优良，比蝉的乐器有过之而无不及。由于两条肉柱的收缩，蝉的乐器上两个音钹的凹陷部分，就会收缩、放松。蝉是没有音室的，就是说没有共鸣器这样的音响器官。正常情况下，距螽唱着"泣伊伊——泣伊伊"的小调，音调悠长，充满哀怨，比白面螽斯欢快的琴声却能够传得更远。

一旦恬静的生活遭到打扰，螽斯和其他蚱蜢类昆虫立刻因为恐惧不出声了。对它们来讲，表达欢乐的方法就是歌唱。

距螽也不例外。由于害怕生活被打乱，它保持沉默，使得那些准备捕捉它的对手根本找不到它。可是，我们如果用手指去抓它，它就会慌乱地拨动那没有章法的琴弦。这种情况下，它的歌声毫无愉快之情，而是充斥危险的恐惧和担心。同样，一旦懵懂无知的小孩子，不客气地扯下蝉的肚皮，掀开它的发声器官时，它的叫声比任何时候都响，欢乐的曲调一下子就变为忧伤的哀歌了。

作为一个实验者必须指出来，距螽还有另一个特点，是其他能够唱歌的昆虫所没有的——距螽无论雌雄都有发声器官；而蚱蜢类的其他昆虫，雌虫都是不发声的，而且还没有琴弓和镜膜的残余，但是，雌距螽却有着类似雄距螽那样的乐器。

左鳞片盖住右鳞片，左鳞片的边沿有一些颜色苍白的粗糙翅脉，构成带小网眼的网络；中间部分却很光滑，有个圆形隆起，就像棕红色洋葱的小圆帽。这个小圆帽子的下面，有两条副的辅翅脉。主翅脉的脊背上，有些高低不平。右鳞片结构与其相似，只有一点不同：一根翅脉横穿过中央洋葱皮似的小圆帽，使用放大镜可以清楚地看见，在长的方向，横排着非常细的齿。根据这个特点就可以看出，那就是琴弓。不过，琴弓的位置，跟我们已知的知识完全相反。

雄距螽是个左撇子，使用上鞘翅唱歌。雌距螽则是右撇子，使用下鞘翅拨琴。只是雌距螽躯体上没有镜膜。就是说，雌距螽没有云母片一般闪亮的薄膜。琴弓在对面鳞片凹凸不平的翅脉上，进行横向来回摩擦，这样嵌着的两顶圆帽能够同时振动。

不过，它有两个振动"零件"实在是太僵硬、太粗糙，根本不能发出饱满的声音，音量也非常微弱，和雄距螽的声音相比，更像是在呜咽。雌距螽一般不会随随便便就放开歌喉唱歌。

如果我没有进行"干预"，我的笼子里的这些"囚犯们"，压根没有可能去参与同伴举行的音乐会。不过，一旦它们被抓住，或是遇到了麻烦，立马就会发出呻吟的响声。

可以相信，当它们自由时，情况完全不是这样子。在我笼子里一声不吭的雌距螽，不可能是白白长出音钹和琴弓这两个器具的——因为害怕而发出呻吟声的乐器，在快乐时也会响起来的。

蚱蜢类昆虫的发声器有什么用途？我并不认为它能够对婚姻嫁娶起作用。不可否认，听着海誓山盟的窃窃私语，雌螽斯肯定觉得异常温柔甜蜜。如果否认这一点，那我岂不是睁眼说瞎话么！可是，即使是那样，也并非属于发声器的基本功能。

昆虫使用发声器，首先就是为了抒发生活的乐趣——歌唱饱餐之后晒太阳的乐趣。婚礼之后，胖乎乎的螽斯和雄蝈蝈儿，筋疲力尽，无法恢复过来，因而自此之后再也不愿意交配，但并不妨碍它们继续快乐地歌唱着，直到力气耗尽，这就是明证。

第五章　绿色的蝈蝈儿

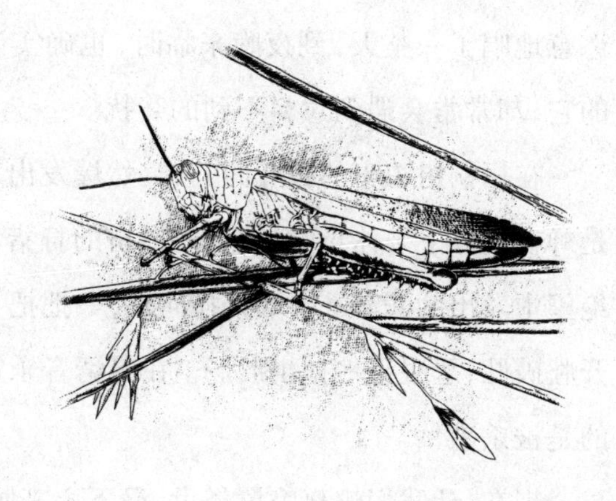

绿色的蝈蝈儿

现在，已是七月中旬。从气象学的角度来讲，刚刚开始三伏天。可是，实际上炎热的日子，比日历上来得更快。几个星期之后，天气就已经热得不得了啦。

夜深了，连蝉都已经不再鸣叫。白天，它沉迷于阳光下和炎热中，恣意地唱了一整天，到夜晚来临时，也确实该休息了。可是，休息中的它，却常常会遇到意料不到的袭扰。

在梧桐树浓密的枝叶间，会突然爆发出哀鸣般短促的尖叫声。这是蝉在安静下来休息时，被夜间亢奋的狩猎者——绿色蝈蝈儿逮住，绝望中发出的悲号。蝈蝈儿扑向它，一把把它拦腰抓住，毫不客气地开膛破肚，恶狠狠地挖出肚肠。在尽情音乐舞蹈之后，蝉绝没有想到的是被杀戮！

现在，让我们逃离喧嚣俗世，静下心来倾听，用心去沉思吧！

在遭遇猎杀的蝉还在拼死挣扎时，梧桐树枝上依然进行着联欢会。不过，合唱队这时已经换班了，夜场的“表演家”粉墨登场了。

耳朵敏锐的人，就可以听到，在这恃强凌弱的绿叶丛中，蝈蝈儿窃窃私语。那声音，近似滑轮的响动，不会引人注意，就如同是干皱的薄膜隐约发出的动静。在连续不断的喑哑的低音中，偶尔会有一声金属碰撞般的短促的脆响——这其实是蝈蝈儿的歌声和乐段，乐段之间是间歇性的静默,除此之外还有伴唱。

即使是加强了低音合唱,可是,这个音乐会无论怎样,还是那般不引人注目——非常的不起眼。有十多个蝈蝈儿在我的耳边演唱。但是它们的声音不够高,我耳朵里的鼓膜,并不能完全捕捉到那么微弱的声音。直到野外的蛙声和其他虫鸣暂时消失时，我才能够听到一点点非常柔和的歌声,这温柔的鸣唱,和苍茫夜色的静谧氛围非常协调。这绿色的小家伙,我的小心肝啊,假如你的琴拉得再响一些,你这歌手地位就能够超越嗓音喑哑的蝉了。可是,由于人们的误解,蝉巧取豪夺了你的名字和声誉啊!

在周围一片喧嚣闹嚷中,绿色蝈蝈儿的声音太细微了,一直无法听清楚。只有在四周稍稍安静点的时候，我才可以听到一阵阵细微的声音。绿色蝈蝈儿的发声器官仅仅是一个带刮板的小号扬琴。那些得天独厚者的风箱以及肺部能产生振动的气流,是它所不具有的。这些都是无法比较的。所以,让我们还是回到昆虫的话题上来吧。

还有一种昆虫,身材虽然那般瘦小,但是却装备了羊皮鼓,故而在夜里唱起抒情曲时,远远胜过蝈蝈儿。它,就是意大利蟋蟀。

意大利蟋蟀实在是太纤弱,以至于人们都不敢去抓它,生怕一个不小心就把它捏碎了。为了增添联欢会的气氛，萤火虫一旦点燃蓝色小灯笼时，意大利蟋蟀立刻从四面八方兴冲冲地汇集到郁金香上加入合唱。这个瘦弱的乐器演奏家,最重要的大翅膀细而薄,闪闪发光,就和云母片一样。开始,恰恰就需要依靠这干巴巴的翅膀，它的声音才能够非常大,大到压过蟾蜍单调忧闷的歌声。

这动静和普通的黑色蟋蟀不相上下,但它的琴声则更加嘹亮,颤音更明显。春天里的合唱队员当属真正的蟋蟀，而在这般炎热的季节是难以看见它们的。可是，不了解这些的人不可能加以区别——自然,这一点是难免的！伴随着它那悠扬的小提琴声的,是一种更加优美的琴声,非常值得做专门的研究。这些方面,我们选择适当时机,专门回头来介绍。若仅仅是关注最杰出的，那么当属这台音乐晚会的主要合唱队员:独唱忧伤的爱情歌曲的斯科蒲,奏鸣曲上敲钟的铃蟾,拨小提琴E弦的意大利蟋蟀,敲着小三角铁的绿色蝈蝈儿。

刚刚到六月份的时候,我就已经抓了一些雌雄蝈蝈儿,关进我的金属网罩里。当然,事先在瓦钵上铺上了一层细沙。

这些昆虫异常漂亮,浑身上下是嫩绿色的,躯体侧面还有两条淡白色的丝带,身材非同寻常的优美,且匀称苗条,它们的两片大翼轻盈如纱。它们算是蚱蜢类昆虫中最漂亮的。我很满意这些捕捉来的虫子。但是,它们能够“告诉”我一些什么呢？就让咱们等着瞧吧。现在,我必须养好它们。

在它们的食物问题上，我遇到的麻烦和喂养螽斯时一样。在草地上嚼食的直翅目昆虫，有着它们的一般性的饮食习性。根据它们的这个习性,我给这些“囚犯”提供了莴苣叶。没有预料到的是,它们虽然会吃莴苣叶，吃得却很少，明显是不喜欢。终于我知道了原因:这些漂亮的俘虏,并非诚心诚意的素食主义者。因此,必须给它们另找些食物,大约应该是鲜肉之类！

但是,应该是什么呢？一个偶然的发现,告诉我了谜底是什么。

有一天的清晨，我到门外散步。突然，从路边梧桐树上掉下来什么东西，而且还伴有刺耳的尖叫声。这引起了我的注意。我快速跑过去。

原来，一只蝉处于绝境中：一只蝈蝈正在它的肚子上啄食。蝉尖叫着、挣扎着，却是徒劳的。凶恶的蝈蝈儿狠狠咬住蝉，把头直接伸进蝉的肚子里，一口一口地把肚肠拽出来。这个场景告诉我，这场力量悬殊的搏斗，就在大清早蝉还在散步的时候发生的，就发生在树上。那只倒霉的蝉，被硬生生咬伤了。它拼尽全力猛地起跳，结果进攻者和被进攻者一齐掉落树下。——在这次之后，我多次有幸看到同样的生死搏斗。

甚至，我还看到过蝈蝈非常勇猛地纵身而起追捕蝉，蝉则手足无措地飞逃。这一切就像鹰在空中追捕云雀一样。以劫掠为生的鸟，比昆虫还要低劣，它猎捕的对象比它弱小。但是，蝈蝈儿完全相反，它进攻的对象居然是比自己大很多的、强壮的庞然大物。

这种身材大小完全悬殊的肉搏，结果应该是没有任何疑问的。但是，恰恰相反：蝈蝈强有力的大颚、锐利无比的钳子，轻而易举就把它的猎物开膛破肚；而蝉却赤手空拳，没有任何可以抵御的武器，所能够做到的只是哀鸣和乱踢。这种捕猎成功的关键，是牢牢把蝉抓住——在夜间，蝉睡得迷迷糊糊的时候，是件轻而易举的事情。

夜间巡逻的蝈蝈非常凶恶，一旦落入它们手中，任何一只蝉都在劫难逃。这就是在夜深人静“音钹”早就安歇时，树上会突然响起悲鸣声的缘故——那些穿着淡绿色制服的强盗，把酣睡的蝉逮住了！

在我网罩里寄宿的这些家伙，我终于知道了它们的食物是什么。

所以，我开始用蝉来喂养它们。它们看来很满意，甩开腮帮子吃得心满意足，结果有两三周的时间，网罩“实验室”里，到处都是吃光肉后扔下的蝉的头骨和胸骨、扯下来的羽翼和断肢残腿，而最肥美的肚子，全都被吃干净了——这肚子绝对是好部位，肉虽然不够多，可味道看来特别鲜美。毕竟，在这个部位上的嗉囊里面，满是蝉用喙从嫩树枝里吮取的汁液。会不会正是由于有这种甜食，蝉的肚子才比其他部位更受欢迎呢？很有可能是这样！

为了给它们变换口味，我还给蝈蝈儿提供了味道非常甜的水果，几片梨子、几粒葡萄、几块西瓜。它们居然很喜欢这些甜水果。和英国人非常相近，绿色蝈蝈儿沉迷于用酱作调料的带血的牛排——很可能就是它抓到蝉后首先吃肚子的原因。因为肚子既有肉，又有调料一般的甜汁。不过，并非在任何地方都可以吃到蘸糖的蝉肉。在北方，有很多绿色蝈蝈儿找不到它们爱吃的食物，因此，它们为了生存下去，很可能吃别的东西。

为了证实这种猜测，我尝试着喂给它们细毛鳃角金龟——这是一种夏季的鳃角金龟，与春季的鳃角金龟一样。

除了以鞘翅目昆虫为食物，对于其他的，它们一点都不勉强地接受了。饱餐一顿后，只剩下鞘翅、头和爪。喂它们那些漂亮且多肉的松树鳃角金龟，也是相同的结果。第二天，我看到这些美食已经消失——这群善于进行肢解的高手吃得肚圆肠满。

这些实验能够告诉我们许多，诸如蝈蝈爱吃昆虫之类，尤其是没有异常坚硬的盔甲保护的昆虫是它们的最爱。它非常喜欢吃肉食，但是不会像修女螳螂那样只吃肉。这些蝉的屠夫，也会去吃水果的甜汁。如果没有适合的食物，它甚至会以草为食。

其实，蝈蝈之间也一样存在同类相食的现象。不过，在网罩“实验室”里，我还从没亲眼看见过如修女螳螂那般捕杀姐妹、吞食丈夫的恶劣行径。但是，一旦一个蝈蝈儿死了，活着的同类肯定不会放过饱餐的机会——就如同吃猎物那样。必须说明一点，它们吃死去的同伴，绝非因为食物缺乏。此外，所有这些带着刀的家伙们，在不同程度上表现出这种嗜好：吃受伤的同伴以自肥。暂且先不讨论这点。在我的网罩里面，蝈蝈儿之间还能够和平共处。它们从来没有发生过严重的争吵，最多是在面对食物时，彼此有些防备。

我扔进去一片梨，一只蝈蝈儿会立即趴上去。出于独占心理，无论是谁去咬这美味的食品，它都会狠狠地踢腿，把对方赶走。无须责备它——自私心到处都是存在的。

它一旦吃饱了，就会自行让位给另一只蝈蝈。当然，另一只立刻会变得很吝啬。就这样，一个替换一个，直到所有的蝈蝈儿都能品尝到美味。待嗉囊装满美味后，它心满意足地用喙尖挠脚底心，用沾着唾液的爪擦拭面孔和眼睛。

做完这一切，它或者抓住网纱或者躺在沙上，以沉思一般的架势，自得其乐地消化食物。在一天中的绝大部分时间里，它们都在休息，尤其是在最炎热的时节更是如此。

傍晚时分，等到太阳落山以后，这些家伙们变得兴奋起来。到九点钟左右，兴奋度达到高峰。它们会出其不意地纵身跳起来，跳到网顶上，然后又急急忙忙地爬下来，再一次蹦上去。

这些莫名兴奋的家伙们，乱哄哄地来回窜动，在圆形的网罩里或跑或蹦，一旦遇到美味就甩开腮帮子大吃，没有一刻消停。

雄蝈蝈儿东一个、西一个，在一旁不断地鸣叫，用触须不断地挑逗从旁边经过的雌蝈蝈儿。而那些未来的母亲则半举着“尖刀”，装出一副稳重的样子来回溜达。对于这些情绪亢奋、精神狂热的雄蝈蝈儿来讲，一心一意想的事情，就是交尾。对我这个实验者来讲，这个方面也属于主要的观察内容。

我把蝈蝈儿放进网罩里，主要的目的，就是观察白面螽斯所揭示的奇怪婚配习俗，有多大的普遍性。我的愿望虽然得到了一定的满足，但是，获取的信息并不那么充分。因为时间总是太晚，以至于我根本无法看到婚礼的最终阶段——交尾，一般都是在夜深时分，或者一大清早进行的。

我仅仅观察到：蝈蝈儿的婚礼前奏持续很长的时间。热恋者脸对着脸、头挨着头，用柔软的触须长久地互相触摸和问询。看上去，好似两个击剑手把花式剑叉过来、叉过去，却没有真正干架。

雄性蝈蝈偶尔叫几声，弹几下琴弓，然后就不出声了——大概过于激动而无法继续吧。当钟敲响十一点时，这场如此持久的爱情表白却依然没有结束。实在是太遗憾了，因为我已经困得睁不开眼睛了，不得不放弃观察交配。

到了第二天上午，雌蝈蝈儿的产卵管下面，会垂下来一个奇特的东西——前面讲述白面螽斯的故事时，那个东西曾经让我们很惊讶。它是一个乳白色的卵泡，仅有豌豆那般大小，依稀分成几个蛋形的囊。当雌蝈蝈儿来回走动时，这个卵泡在地上擦来擦去，结果沾上了一些沙粒。

现在，我又一次观察到了和螽斯母亲一样的、令人恶心的最后盛宴。过了两个小时，一旦卵泡里面空下来，蝈蝈儿就把卵泡一块块吃下去。它长时间不停地咀嚼着那黏糊糊的玩意儿，直到最后，把卵泡全部吞下去。不到半天的时间，这个乳白色卵泡就无影无踪了——有滋有味地品尝后，竟一点儿也不剩地被吃掉了。这简直就像是来自其他星球的事情，让人难以理喻。因为，它和地球上的习俗相差得实在是太远了。这现象，白面螽斯那里发生过，现在又在蝈蝈儿这儿再次发生，而且几乎是一模一样。

蚱蜢类昆虫属于陆地上最古老的动物之一。这昆虫的世界，实在是令人啧啧称奇！可以推断，在所有的昆虫中，应该都有这种奇特的行为。所以，现在我们向另一种佩带尖刀的昆虫咨询一下吧。

我选择了距螽进行观察。对它们来说，用几片梨子和一些生菜叶，进行饲养是很容易的事情。

约莫七八月的时候，雄距螽靠在一旁不断地鸣叫着。它的琴弓非常有节奏地激情奏鸣着，它的身体因此而颤动不已。过后，它沉默下来。召唤者和被召唤者，有些拘谨地慢慢迈着步子，渐渐地靠在了一块儿。它们面对面，都没有出声，身体也没有动弹，触须软软地摇来晃去，前腿有些不自然地抬高，偶尔碰在一起，就好像握手一般。

之后，它们祥和地说了几小时的悄悄话。它们说了些什么甜言蜜语？发下了什么样的海誓山盟？互抛媚眼蕴含着什么意思？

可是，那样高光的时刻并没有到来。它们居然分手了。它们闹崩了，于是各走各的路。没过多久，它们又会合到一起了，又重复开始含情脉脉的表白。但是，还是没有擦出爱恋的火花。

直到第三天，我才有幸看到这场爱情序幕的结束。雄距螽遵循蟋蟀的习性，轻手轻脚地倒退着钻到雌距螽的身下，仰面朝上伸直身子躺卧着，牢牢地抱紧产卵管作为支撑点。交尾很快就完成了。

它排出一个巨大的精子袋，和装着大颗粒的乳白色覆盆子很接近。精子袋的颜色和形状，让人不由自主地想到蜗牛卵，在观察白面螽斯时看到过一次，不过没有这么显眼。绿色蝈蝈儿的这个玩意也是相同的样子。

精子袋中间的那道浅沟，把完整的卵袋分为对称的两串，每串上都噜当啷地挂有七八个小球体。产卵管底部，左右两边有两个半透明结节，比其余部分更加透明一些，里面有一个橘红色的核。这套奇怪的装置，靠一根用透明材料黏结物做成的宽茎固定。

一旦卵放到位，已经消瘦干瘪的雄距螽立刻拔腿就逃，径直跑到梨子那儿去——因为它被自己勇猛“献身”的壮举弄得筋疲力尽，必须补充食物以恢复体力。

这时，雌距螽稍稍拎起稀奇古怪的重担——那玩意居然有它身材一半大，看上去更像个覆盆子，然后在金属网纱上步履蹒跚地、懈怠地小步溜达着。就这样过去了两三个小时。最后，雌距螽蜷缩身子成环形，把乳头状的卵袋用大颚尖咬下来一块——它尽可能小心翼翼地不去咬破卵袋，否则里面的东西会流出来。

它仅仅是扯下卵袋的皮，把皮切成许多小块，反复咀嚼，然后吞下肚去。一整个下午，它都在一小块、一小块地细嚼慢咽。到了第二天，那个像覆盆子一样的卵袋消失了——大概在夜里，全都被吃掉了！有时候，没有这么快结束，自然也是没有那么恶心。

我曾经记下这样的场景:一只雌距螽拖着卵袋行走,偶尔咬嚼几下卵袋。高低不平的地面,刚刚被“刀尖”犁过,覆盆子式的袋子上沾上了沙砾、土粒,导致负担大大加重,而这昆虫似乎对此并不在意。有时候运输过程会很艰难,因为卵袋粘在一块土上就难以拖动。它用上全身气力,想把卵袋拖过去,可无论它怎么努力,卵袋还是没有跟它在产卵管下面的支撑点分开——卵袋被牢牢地粘在地面上了。

一整个晚上,雌距螽一会儿在金属网上,一会儿在地面上,没有目的地流浪,脸上写满忧郁。经常能够看到它停止脚步,一动也不动。这时,卵袋显然瘪下去一点儿,但是整个体积并没有明显缩小。这个母亲没有像刚开始那样一口口地咬,只是在卵袋表面咬下来很少一点。

即使是到了第二天,事情也没有什么明显发展。同样,第三天也没有什么新的进展,仅仅是卵袋更瘪了一些而已,不过那上面的两个红点,还是和开始时一样鲜艳。

最后,粘在雌距螽身体上四十八个钟头之后,无须它费太多气力,这重负就自行剥落了。卵袋里面的东西倾倒了出来。这个干瘪的、皱巴巴、不成样子的玩意,就被无情地扔到了路上,最终成了蚂蚁的战利品。

在其他的情况下,我看见雌距螽非常喜欢吃这块东西。为什么今天却把它毫无保留地抛弃掉呢?大概是由于婚礼晚餐上的这道“菜肴”沾上了太多的沙砾,吃起来非常不舒服吧。

第六章　蟋　蟀

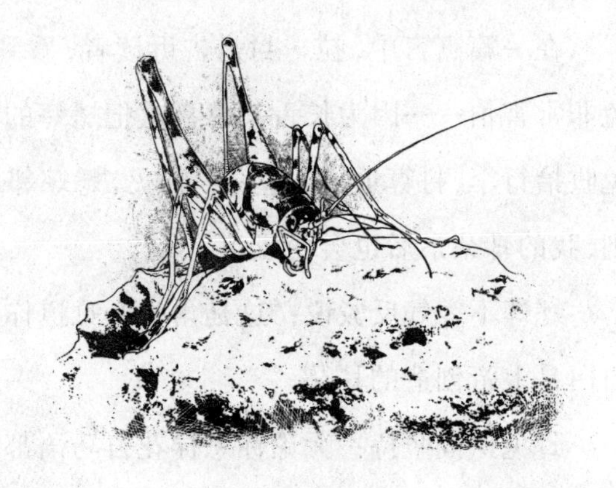

蟋蟀的住所和卵

在人类所熟知的昆虫中，为数不多却颇负盛名者，当属居住草地上的蟋蟀——它同蝉一样著名。它的巨大声誉，来自它的歌喉和寓所。寓言大师拉·封丹让动物“开口说话”。如果没有他老兄让人遗憾的疏忽，对它的赞誉如此之少，蟋蟀的声名会更加广为传播的。

在一篇寓言中，拉·封丹告诉读者，看到蟋蟀耳朵的影子时，野兔非常害怕——因为长舌头总喜欢把蟋蟀的耳朵说成角。胆小的野兔收拾行李，打算远离。它说：“再见，蟋蟀邻居，我必须离开这里；否则，我的耳朵最后也会变成角。”

蟋蟀不客气反驳说：“这是角吗？难道你想把我当傻瓜！这明明白白是上帝创造的耳朵。”

野兔执拗坚持：“无论你怎样花言巧语都没有用——别人都说这是角！”

这就是拉·封丹关于蟋蟀的全部的文学句子。实在是太可惜，他没有让它笔下的蟋蟀多说一些话！不过，毕竟是大师，他用寥寥几行诗，就绘声绘色地把蟋蟀的宽厚描绘了出来。确实！蟋蟀绝非大傻瓜。它长着一颗硕大的脑袋，完全可以借之来讲出许多出色的故事。不过，无论如何，野兔急急忙忙地告别没错。当遇到他人的恶意中伤时，最好的办法便是走为上策。

作家弗罗里安[1]也写了一篇关于蟋蟀的故事。但他这篇寓言，没能写出这个老好人的热情。弗罗里安的寓言《蟋蟀》里，描写了盛开鲜花的草地和蔚蓝的天空，描写了花花公子和淳朴的女士之间毫无生气的故事。虽然辞藻华丽，却平淡无奇，完全是为了文字而忘记了情节的典范。这篇寓言，实在是缺乏纯真和幽默，而纯真和幽默对读者恰恰是必不可少的“作料”。

在这之外，故事里还说蟋蟀不满意生活现状，对自己的命运充满哀叹。这简直令人感到莫名其妙。事实恰恰相反！经常和蟋蟀打交道的人都知道，它对自己的才能和寓所十分满意。何况，在寓言家的笔下，蟋蟀承认：“我是多么喜欢我深藏隐居的住所呀！期望过上幸福的生活，只需要隐藏在这里！”

我的一位不知名的朋友写了一首寓言诗，我认为写得更接近真实。我的那首普罗旺斯语的《蝉与蚂蚁》的诗就是采用这个朋友所写的。这里，我再次请他原谅我，因为没经他允许，我把他的诗尽可能准确译出，予以公开。

蟋　蟀

从前有一只惹人怜爱的蟋蟀，

在自家门前悠然地晒着太阳；

蝴蝶翩翩起舞，

---

① 弗罗里安（1755—1794）：法国作家。

飞去飞来。

傲慢的蝴蝶，顾盼自怜；
长长的尾巴，色彩冷艳；
一行行的蓝色花纹，新月绽放；
金斑点和黑饰缎带，镶嵌其间[1]。

隐居者说："飞吧，飞吧，
在你的花丛间飞舞不歇；
美丽的玫瑰和菊花，
都抵不上我简陋的家。"

无情的苍天刮起狂风暴雨，
蝴蝶被泥沼淹没；
烂泥弄脏了华美的衣裳，
漂亮的身体沾上泥污。
电闪雷鸣依然继续，
居家的蟋蟀安全无比；
狂烈的风暴没能使它惊恐，
别再游手好闲荒废时光；
身居陋室、安详生活，

---

① 描写是正确的，如果我没有搞错的话，我的朋友这里谈的是金凤蝶。——原注

免去未来你泪水涟涟。

它仍然在自得地欢歌笑语。

华而不实的蝴蝶呀，

别在花间寻欢作乐，

别再荒废时光到处游手好闲；

陋室把身居，生活却安详，

完全可以免去你泪水涟涟。

这首诗，使我们进一步认识了这个熟悉的小家伙。我观察到：在洞口，蟋蟀卷动着它的触须，腹部对着阴凉之处，背部则晒着太阳。它没有对蝴蝶产生任何妒忌，却对蝴蝶充满怜悯。它怜悯的神情似带着意味深长的嘲讽——颇像一个在闹市开店的老板，瞟见衣着华美却无处安生的人从门口走过时的表情。它不知道什么是苦恼，对自己的住处和小提琴也非常满意。它表现得很豁达，对虚荣不屑一顾。它更愿意远离寻花问柳的喧闹，身居陋室，却能够自得其乐。

没错，这些方面的描写大体上是正确的，只是还不够充分，根本没有提及那些给人最深刻印象的特征。从拉·封丹疏忽它开始，它就一直在呆呆地期待着，看来还将长时间等待必要的文字来肯定它的优点。

作为博物学家，我认为这篇寓言的重要特点就是概括了蟋蟀的住所——这是这篇寓言故事寓意的基础。在这个方面，蟋蟀确实表现得不同凡响。在昆虫界里，只有成年的蟋蟀拥有固定的住所——

这是它心灵手巧的精心之作。在不适宜的秋冬季节里，其他的昆虫蜷缩着躲在临时隐蔽所——这种隐蔽所，不是它们自己所建造，即使放弃掉也没什么可惋惜。

为了安居，有些昆虫居然能够创造奇特的东西，如用棉花做成袋子，用树叶做成篮子，用水泥做成塔，等等。有些依靠捕猎为生的昆虫，则长期隐蔽地埋伏着，等待猎物的到来，如虎甲就挖出一个垂直的井，用它扁平的头塞住井口。如果有哪个冒失鬼踏上这危机潜藏的桥，立刻就会葬身在这个陷阱中——没眼力的过路者一旦踏上去，陷阱的翻板活门立刻会自动翻转。在沙子上，蚁蛉造了个异常滑的斜坡形漏斗。蚂蚁一旦从斜坡上失脚滑下去，潜藏在漏斗底部的“猎手”，就会用颈部作投射器，投射沙子，击杀蚂蚁。不过，这些都只是临时性的隐蔽所、大盗贼的窝身处、捕获猎物的陷阱而已。

对自己辛辛苦苦建造起来的住所，昆虫会心安理得地在其中安家，无论是生气勃勃的春天，还是寒风肃杀的冬天，它都不会放弃这个家。给自己一片安宁，一个无须费神捕猎和劳力育儿的真正意义上的庄园，只有蟋蟀能够建造出来。在阳光普照的草坡上，它就是那个隐蔽所的主人。当其他昆虫被迫四处奔走，居无定所，风餐露宿，或者是在一块碎石头、一片枯叶、一片破裂的树皮下，随遇而安地躲风避雨时，蟋蟀这个昆虫界的建造师却能够得天独厚，有着它自己的固定住所。

建造住房，对很多的动物，确实是非常麻烦的事情。不过，现在这个大问题，对于蟋蟀、兔子，包括人，都能够解决了。在我的住宅附近，发现过狐狸和獾的洞穴。可是，这些洞穴的大部分，都是对地面的洼陷稍加整理而成的。兔子比它们要灵光一些。如果没有现成的洞供它"免费"居住，它就会随便找一处挖洞，然后蛰居其中。

蟋蟀在建造住所方面，远胜于其他动物。它未必看得中偶然遇到的隐蔽所。它对住所的要求不低，选址必须选干净卫生、方向朝阳的地方。对于随便找到的一处既不方便又很粗陋的洞穴，它根本看不上。它拥有的别墅，从入口处，到最尽头的卧室，全部都是它自己动手一点一点辛苦挖出来的。

大概只有人类在建造住宅方面比它高明。但是，人类在学会搅拌砂浆黏合砂石、把黏土涂在树枝搭起的茅草房以前，也不得不和野兽争抢岩石下面的隐蔽所和洞穴。究竟造物主分配给它什么样的天赋本能？看，这种卑下的昆虫，居然知道如何才能住得遂心满意。它竟然有一个"家"——很多开化的动物都未必具备这种长处。它有安全的退隐处，这是安稳生活的首要条件。

放眼它的周围，没有哪种动物能够像它一样定居下来。除了人类之外，其他没有谁，能够与之竞争。

为什么它有这种天赋？难道它有专门的工具？没有。蟋蟀并非最佳挖掘手。当人类知道它的工具实际上软弱无力时，对它劳作成果必然惊奇不已。它的皮肤非常娇嫩！是不是因为这个原因，它才更需要建造住所？并非如此！在它的近亲中，有的皮肤和它一样娇嫩——可是却根本无所谓地在露天下生活。它之所以建造住宅，是否属于身体结构固有的习性？它在这方面的特殊才能，是不是受它内部机体的动力而产生？都不是。

我的寓所附近，有三种其他的蟋蟀（双斑蟋蟀、独居蟋蟀、波尔多蟋蟀）——它们和田野蟋蟀在外貌、颜色和结构方面，非常相像。乍一看，很容易和田野蟋蟀混淆。第一种蟋蟀的身材和田野蟋蟀差不多，甚至还超过它；第二种个头大概只有它的一半；第三种则更小。可是，这些田野蟋蟀的同类，都不会挖掘自己的洞穴。双斑蟋蟀只能住在潮湿霉烂的草堆里；独居蟋蟀流浪在锄头翻起的干土块下的裂缝中；而波尔多蟋蟀则毫无忌惮地闯进我们的家里——从八月一直到九月，它都躲在阴暗凉爽的角落里，低声鸣唱。

继续探讨这些，没有意义。因为对我们提出的每一个问题，答案都是否定的。尽管它们的结构完全相同，但我们压根无法用本能来解释其原因——有的方面显示出的是本能，而有的方面却根本不属于本能。挖洞的能力也并非取决于工具。因为，根据解剖学，根本没有办法进行解释。这四种几乎一模一样的昆虫，只有一种掌握了挖洞的技术。因此，对前面已经提供的证据做出了进一步肯定，从而证明了我们以为它们依靠的是本能，实属无知。

还有谁，会不知道蟋蟀的寓所呢？孩提时代有谁跑到草地上玩耍时，不会在这个隐遁者的屋前停下来？无论你的脚步有多轻，它都能够听见你在走近。因此，它会一下子缩回来，快速躲进隐蔽所里。当你终于抵近它的小屋时，它早已离开门前了。

任何一个顽皮的孩子，都知道引出这个隐匿者的诡计。把一根稻草慢慢放进洞里，然后轻轻晃动。蟋蟀并不知道地面上发生了什么。它被稻草引起了好奇心，于是，从那隐秘的房子里开始往外爬。到达前厅时，它有些犹豫地停下来，摇动灵敏的触须侦察情况。最终，它看见了亮光，走出来洞来。很自然地，此时的它很容易被抓住，因为它那简单的头脑已经被那根稻草搅昏了。假如有幸逃脱，它就会变得疑心很重，不轻易受稻草的挑逗。在它不肯再上当的情况下，一杯冷水，就可以把这个顽固的家伙冲出洞来。

那些天真烂漫的孩童，在路边草丛里去捉蟋蟀，然后把它关进柳条编成小笼子里，喂给它莴苣叶。啊，回想起来，那个孩提时代是多么美好！今天，我在地面上搜索洞穴，搜寻用以研究的对象，为的是放在我的网罩“实验室”里。这时，我又看到你们这些儿时的玩伴了。小蟋蟀，请多多告诉我们一些资讯吧。不过，首先，还是让我们来研究下你的家吧！

绿油油的青草丛中，朝阳的斜坡上挖出来一条倾斜的地道，下雨的时候，雨水就能够快速从斜坡流走。这个地道的宽度，没有一个手指头宽，最长大概有九寸深。随地形的不同，地道或笔直、或曲折。

洞穴出口处掩映在一簇草丛里。蟋蟀以草为食时，绝对不会去吃洞口那一圈草——因为它非常清楚，这簇草能够为自己的地下寓所挡雨护檐，更何况草投下的阴影还能够隐蔽洞口。房门微微有些倾斜，门口及周边被仔细地耙扫过。待到四野静谧下来，蟋蟀就坐在亭阁一般的门口悠悠然拨着琴弦。

蟋蟀的寓所里一点都不奢华，可谓是家徒四壁，但并不粗糙。寓所的主人完全有着大把的闲余时间，去打磨那些令它厌恶的粗糙之处。地道的尽头就是它的卧室，没有其他的出口。卧室比其他地方要宽敞得多,打磨得也更光滑。概括说来,这寓所非常大方、朴实、简单,非常干净,一点也不潮湿,能够满足基本的卫生要求。

考虑到蟋蟀的挖掘工具是那么的简陋，建造这个地下别墅完全是一个巨大的工程。如果想了解蟋蟀如何建造住所,何时开工的,我们还必须追溯到产卵的那个时节。

观察蟋蟀产卵过程,不需要做什么准备工作,但必须保持耐心。这种耐心,应该是科学家的优秀品德。

四月间,迟则五月,我们把一对一对的蟋蟀放进花盆里,花盆底部提前铺上压实的土,提供新鲜的莴苣叶。花盆口子处,盖着一块玻璃,这样可以防止蟋蟀逃掉,又便于观察。

这个“观察室”其实非常简单,只是在必要时加上一个金属网罩即可。就是这般简陋的设备，就能够获得相当有意思的资料。我们后面再来讨论这种装置,现在,最重要的是监视它们产卵——我们需要高度保持警觉性,不可以浪费这么好的观察时机。

在六月份的第一周里,经过废寝忘食的观察,我终于获得了可喜的成果。

雌蟋蟀在那里一动也不动，它的输卵管笔直地插进土中很长时间。它根本无心搭理冒失的来访者。它花费足够长的时间，就待在那一处,不愿挪动一步。最后,它从土里拔出输卵管,然后心不在焉地把地上孔洞的痕迹清除干净。休息了一会儿之后,它开始散步。然后,又选择另一处地方重新开始。和白面螽斯一样,它重复地工作着,仅仅是工作效率慢一些。终于,过去了四个钟头,看起来产卵结束了。但是,为了保险起见,我又继续观察了两天。

这之后,我把花盆里面的土翻起来。在土里,那些呈草黄色的卵,外观是圆柱形的,两端浑圆,长度约有三毫米。这些卵一个挨着一个,垂直排列在土中。可以看到,蟋蟀每次所排出来的卵,数目或多或少,彼此之间都是靠在一块的。在花盆两厘米的深处,我还能够找到虫卵。我用放大镜在这堆土中进行检查,清点卵的数量。这个过程面临很多想不到的困难。大致估算了一下,一只雌蟋蟀排卵总数可达到五六百个。这样的家族,短时期内就会被淘汰。

蟋蟀的卵,确实算得上是一种无比奇妙的小机械。孵化之后,卵的外壳看起来就像一个白色的不透明的筒子,筒子的顶端有个圆孔,圆孔边上,有一个圆帽形状的盖子。这盖子不是由孵出来的新生儿钻破,也不是用剪子剪破。它沿着一条专门的线条自动张开——那线条阻力最小。这种孵化过程很有趣,非常值得一看。

产卵之后,经过两个星期左右的时间,卵的前端出现两个又大又圆的黄黑点——这就是未来蟋蟀的眼睛。离这两个圆点不远的地方,在圆筒顶端处,这时候还出现了一条细细的、有些凸起的、环状的肉——将来,卵的外壳就沿着这条线裂开。不久,蟋蟀的卵变得半透明。因此,我们可以精细地观察到小家伙孵化的情况。

这个时候,必须加倍留心。必须延长观察的时间,尤其是在上午。

好运气往往垂青有耐心的观察者!我的持之以恒终于获得了可喜的回报。那条有些凸起的肉,通过极其微妙的变化,变为一条阻力最小的线。小蟋蟀的头部从卵的顶部开始,顺着这条线将卵的外壳推开，就像掀开小香水瓶的盖子一样。那个顽强的小家伙就像个小魔鬼似的，终于从这个“魔盒”里钻了出来。

小蟋蟀钻出来后，纯白色的卵壳没有瘪下去，外观依然光滑完整，“盖帽”还挂在“瓶口”上。鸟的卵，是被雏鸟嘴部专门长着的小硬瘤，给硬生生撞破的。而蟋蟀的卵则显得更精巧，如同象牙盒一般，能够自行张开，新生儿的头顶就可以轻轻松松地推开壳铰链。

蟋蟀孵化的速度，可以和食粪虫一较高低。如果是一年中最炎热的时候，这速度会更快。因此，对于观察者的耐心来说，这个时期不算是严峻的考验。还没有到夏至时分，玻璃瓶里供研究的那十对夫妇，就业已儿女满堂。卵存在的时间，也就是十来天而已。

前面的叙述中，我提到过小蟋蟀是从带盖的象牙筒里拱出来的——这其实并不是非常确切的。裹着襁褓、还看不出模样的小家伙出现在象牙筒口。我估计，这个新生婴儿需要这个襁褓“外套”的理由，应该跟白面螽斯是一样的。蟋蟀在地底下出生，它长着和螽斯一样的长触须和腿。这些必要的器官却给它的出世造成妨碍，所以必须有一件“紧身衣”来帮助它。原来我就是这样认为的。但是，我的这个预想，在原则上看起来非常正确，事实上却只有一半是正确的。

初生的蟋蟀确实穿上了一件暂时性的“外套”，但这个外套并不是用以钻出地面——因为它在钻出卵壳口时，就把这“外套”脱掉了。

什么样的情况下，才有可能出现例外？或许在以下情况下才会出现：孵化前，蟋蟀的卵在土里只待了短短几天；除非出现极少见的例外，卵一般都在干旱的季节里孵化；出壳后，只需要钻过一层很薄的干粉土。相反，螽斯的卵在土里停留的时间达八个月之久；孵化后，因秋冬久雨，土地被压得很结实，小螽斯想钻出来非常困难。此外，蟋蟀明显比螽斯强壮得多，腿翘得也不像螽斯那么高。很可能这就是两种昆虫出土方式不同的原因。螽斯出生在被压得比较实的土里，因此需要一件“外套”的保护；蟋蟀身上没有那么多的累赘，离地面也比较近，能够轻松地穿过粉末状的土层，所以压根用不着什么“外套”。

一旦钻出卵壳，蟋蟀就会毫不客气地把“外套”扔掉。

那么，这个婴儿的襁褓到底是用来干什么的？这个问题的答案，恰恰是另一个问题。蟋蟀的鞘翅下面，长有两个白色的残肢，是两个翅膀的雏形，这些残肢以后会变成巨大的发声器官。

这两个残肢能够起什么作用？它们没有任何实用价值，而且还那么脆弱，蟋蟀绝对不会使用，就像狗不去使用爪子后面那没有作用的指头一样。为了创造对称美，人们会在住所的墙上再画上一个假窗户，和真实的窗户配对。有序，就必须对称！而有序，是至高无上的美。生命同样也具有对称性的美——这是一种普遍性的重复。

当一个器官没有实际用处需要取消时，造物主会保留器官的残迹，以保持基本的配置。退化的狗指头，表明它的爪原本是有五个指头的——明显具有高等动物的特征。蟋蟀翅膀的残余，表明它原本来是会飞的。在卵筒口，蟋蟀蜕皮，属于地下出生的蚱蜢类昆虫的襁褓遗迹。这些昆虫历经千难万险想要钻出地面，就非得依靠这种襁褓。这其实也是为了对称，而多余的保留，属于过时却没有彻底废除的规律性的残存。

小蟋蟀摆脱“外套”时，全身上下呈灰白色，它还需要清除压在身上的泥土。它用有力的大颚把土拱松软，把眼前的障碍物扫开，并且踢到身后去，这时它才能够钻出地面，去享受热烈阳光的拥抱。

此时，它的身子骨还是那么羸弱，个头还没有跳蚤大，还会面临弱肉强食的威胁。

在二十四个钟头里，它蜕变成亮丽的黑小子，全身颜色乌黑，可与完全发育成熟的蟋蟀媲美。全身原有的灰白色，现在就剩下胸前围着的一条白带，那白带看上去就像拉着学走路小孩的学步带。这个黑亮的小家伙身手相当敏捷。它会使用长触须颤动着侦察周围。它欢快地奔跑、兴奋地跳跃——以后发胖，它就再也跳不起来了，所以要趁早。这个时候，它的胃还很娇嫩。

应该给它投喂什么食物？这一点我还真的不知道。我给它喂莴苣叶，它却压根不碰一下。也许，是我没发现，它的嘴太小，无法吃莴苣叶。我"实验室"里的十个蟋蟀家庭，在几天时间里却成了我的沉重负担。这一群小家伙的确非常漂亮，可我无法知道如何照料它们。更要命的是，我该如何处理五六千只小蟋蟀？阿哈，你们这些惹人怜爱的小家伙，让我还给你们自由吧，把你们彻底托付给大自然这个至高无上的教导者吧！

说到做到，我就这么做了——这儿放几个，那儿放几个，我就这样子把它们放到园子里去了。

到了明年，假若这些蟋蟀都平安无事，那么，在我家的门前，很可能会上演动听迷人的音乐会！不过，情况未必如此理想化，完全有可能根本就没有什么大型交响乐盛会。即使雌蟋蟀能够生下许多子女，伴随而来的往往是凶残的杀戮，而非花好月圆。完全可以预计，在凶残的大屠杀之后，只有少数几对蟋蟀能够幸存。

和修女螳螂的遭遇一模一样：首先冲过来狂热地劫掠这些天赐美食的，是小灰蜥蜴和蚂蚁。蚂蚁完全就是可恨的强盗，在花园里，它可能一只蟋蟀都不会给我留下来。这些可怜的小东西只要被逮住，就会被咬破肚皮，然后被疯狂地嚼碎。

啊！这万恶不赦的虫豸！我们居然还把它们当作上流君子哩！人们在书中歌颂它，对它赞不绝口。博物学家对它如此推崇，使得它声誉日隆。动物界也和人类社会一样，运用各种诡计，让别人为自己树碑立传——而最有效的办法，就是戕害他人以抬高自己！

食粪虫和埋葬虫做的都是对人类有益的清洁工作，可是没有人去关注它们；而吸人血的蚊子、暴躁好斗的带毒刺的黄蜂以及一门心思做坏事的蚂蚁，却天下闻名。在南方的一些村子里，蚂蚁把人家的房屋椽子咬得百孔千疮，整个房子都岌岌可危——那个疯狂劲头，就好像大吃无花果一般。用不着再说更多的了！任何一个人都可以在人类的档案馆里，找出更多令人痛彻肺腑的类似例子：真正的好人无声无息地被埋没；而狼心狗肺的害人精却备受赞颂。

我那个美丽的花园里，开始时有那么多的蟋蟀，但是，最后都被蚂蚁和其他杀手消灭殆尽，以至于我的研究都没有办法继续下去。为了实验不中断，我只好到园子的外面去观察、去了解。

八月份，在一小块没有彻底被三伏天烤干的绿洲中，我观察到小蟋蟀已经长得比较大了，浑身上下呈黑色，初生下来时的白色已经完全消失。这时候的它居无定所，随便一片枯叶、一块扁石头，就足以让它栖身。这些小小流浪汉看起来并不在乎在哪里休息。

这种居无定所的流浪生活，持续到仲秋时节。这时节，黄翅飞蝗泥蜂也加入追杀流浪汉的行列，捕杀好不容易才逃脱蚂蚁虎口的幸存者，并把捕获的大量蟋蟀在地下储藏起来。

如果蟋蟀比通常的造窝时间提前几个星期造好自己的固定住所，它们就完全可以逃脱掠夺者的魔爪。不过，很可惜，这些受难者想不到这一点。千百年的严酷经历中，依然没有让它们从中获得有益的教训。此时，它们已经发育得相当强壮，完全有能力挖掘一个护佑自身的住所。但是，这些顽固的家伙，依旧坚持古老的习俗，没有做任何的改变！即使飞蝗泥蜂无情地蜇死最后一个家族成员，它们仍然四处漂泊。到十月底的时候，初寒袭人，蟋蟀才意识到问题严重，开始努力造窝。

我观察到，那些关在网罩里的蟋蟀，对做窝这项工作居然只是简单应付。在花园里，蟋蟀绝对不会选择泥土裸露的地方打洞，而是往往去挑选吃剩的莴苣叶遮住的地方，用莴苣叶代替草丛，作为隐蔽所必需的门帘。

这个昆虫界的矿工使用前腿来进行挖掘工作，用铁钳一般的大颚把粗石砾拨去。我看见它用带有两排锯齿的后腿反复踩踏，将挖掘出来的土踢腾到后面，那些挖出来的土堆成一个斜面。这囊括了它建造主机“别墅”的所有工艺。

开始时，建筑工作进展得很快。我这个“牢笼”里的土很松软，这个天才的挖掘工在土里忙活了两个钟头，还不时地退出来，把土从洞口扫出去。如果干累了，它就会在尚未完工的屋门口休息片刻，大头冲着门外，触须无力地晃动。休息够了，它就又回到工作面继续辛勤劳作。

最紧急的工作终于完工了。已经挖出两寸的深度，从目前来看完全够用；剩下的工作需要花费比较长的时间，可以每天做一点，利用空余时间去做。它的隐蔽所，随着天气不断转冷和它自己身体长大，缓慢地在加深、变宽。即便是已经进入寒冷的冬季，在天气暖和些、太阳晒在门口的日子里，仍然可以看见忙碌的蟋蟀进进出出地运土，这表明它仍然没有停止挖掘和修造隐蔽所。到了春光明媚时，隐蔽所的维护和改善依然在继续着——这项工作，一直要干到主人死去。

四月底，蟋蟀们开始打开嗓子放声唱歌。起初，只是一些星星点点般羞涩的独唱，不久之后就出现了大合唱，几乎在每块泥土下面都有演唱者加入进来。

从我个人的喜好角度来说，我更愿意把蟋蟀列为万象更新时的天下第一歌手。花园的灌木丛中，在百里香和薰衣草盛开的时节，冲天飞腾的百灵鸟放开歌咙不停地高唱，优美的抒情歌声从云端一直传到地上，蟋蟀就会与之遥相应和——虽然它的歌声很单调，缺乏应有的美感，但是，这种单纯的歌声，与初见新鲜事物时朴实的欢乐完全协调！这歌声，简直是在赞美大自然的苏醒，只有萌芽的种子和初生的叶子才能够听得懂。

这段二重唱，哪一方能获得胜利的棕榈叶？——如果是我发奖，我会把棕榈叶奖颁给蟋蟀。

蟋蟀歌手众多，歌声此起彼伏不停歇，直至彻底压倒云端的对手。最后，骄傲的云雀噤声，不再发声唱歌。

地里，青蓝色的薰衣草，如同香炉一般发散出樟脑味，在灿烂的阳光下迎风摆动。它们应该听到了蟋蟀的低声鸣唱——这是庄严的庆祝歌声。

蟋蟀的歌唱和交尾

现在,解剖学家如果插进来,就会粗暴地对蟋蟀说:"过来,把你那能够唱歌的玩意儿给我们看看!"——如同一切具有真正价值的东西一样,它的乐器非常简单。它和螽斯的乐器都基于同样的原理:带齿条的琴弓和振动膜。

与我们前面提到的绿色蝈蝈、螽斯、距螽以及它们的近亲完全不一样——蟋蟀是把右鞘翅几乎全部遮住左鞘翅,除了包住侧部的皱襞之外。要知道,蟋蟀是个右撇子,其他的则都是左撇子。

左右两个鞘翅的结构完全相同。了解其中一个,就可以知道另一个的情况。现在,让我们来了解下右鞘翅:它平铺在蟋蟀背上,到侧面才折成直角形斜着耷拉下去;翼端紧紧包裹住身体,翼上有一些斜着的细脉,细脉之间是平行的;翅脉粗壮,呈黑色,构成一幅既奇怪又复杂的纹理,看上去好像天书般的阿拉伯文字。

蟋蟀的鞘翅是透明的,除了两个相连接的地方之外,基本呈淡淡的棕红色:一个鞘翅大一些,位于前面,呈三角形;另一个小点的在后面,呈椭圆形。它们都镶着一条粗翅脉,翅脉上略微有些皱纹。前一块上还有四五条人字形条纹用来加固,另一块只有一条弯成弓形的曲线。这两块都是蚱蜢类昆虫的镜膜，蟋蟀靠这个部位来发声。这里的皮膜是透明的，比其他地方都要细薄些，颜色要黑一点。

前头的一小部分比较光滑，带点橙红色。两条平行的翅脉弯弯曲曲，把这部分与后面分隔开。两条翅脉间有一个凹陷处，凹下去的空隙里，有五六条黑色的皱纹，和小梯子上的一级级阶梯很相似。左鞘翅和右鞘翅如出一辙，皱纹沟壑构成了翅脉的摩擦，增多了琴弓的接触点，从而增强了振动频率。

构成凹陷处梯级的两条翅脉中，有一条呈锯齿状——这就是蟋蟀的琴弓。琴弓上大约有一百五十个锯齿。锯齿呈三棱柱状，完全与几何学原理相契合。

这乐器与螽斯的琴弓相比确实更精致。弓上的一百五十个三棱柱状锯齿，与左鞘翅上那些阶梯能够啮合，同时振动四个扬琴：下面的两个，依靠直接摩擦发出声响；上面的两个，依靠摩擦工具的振动发出声响。螽斯有一个无关紧要的镜膜，只能在几步远处听到它发出的声响。蟋蟀则有四个振动器，因此可以把它的歌声传到几百米远的地方——想想吧，这声音该是多么高亢！

它的歌声是如此响亮，已经可以与蝉一较高低，并且不似蝉的声音那般嘶哑。更奇妙的是，它居然通晓抑扬顿挫。它的两个鞘翅在侧面伸出后，形成了一个宽边——这就是制振器：宽边调整高度，就可以改变声音的强度。根据它们与腹部柔软部分接触面积的变化，蟋蟀就能够忽而柔声低语、忽而引吭高歌。

它的两个鞘翅完全相同——这个现象值得进一步研究！我已然知道了上面琴弓的作用，以及琴弓振动四个发声器的作用。但是，下面的琴弓——即左边的琴弓到底有什么用途呢？它没有搁在任何东西上面，它的齿条没有接触点来摩擦发声，看上去完全没有什么用处！除非这两个发声器官的部件上下颠倒。

就算把两个部件颠倒位置，由于乐器完全对称，发声机制完全一样，昆虫因此可以用它本没有用处的齿条来鸣唱。现在它使用处于上面的那个下琴弓像往常一样来演奏，所唱出来的曲子还是一样的。

蟋蟀有没有轮换使用这两把琴弓，这样一来，其中一把就能够穿插休息呢？或者，有没有一直使用左翼的琴弓发声的蟋蟀呢？

由于它们的鞘翅完全对称，所以我预测会有这种情况。但是，观察却证明结果其实正好相反。我至今还从来没有见到哪一只蟋蟀违背普遍性的规则。我观察了那么多蟋蟀，它们全部都是右鞘翅压在左鞘翅的上面，没有一个例外。

我决定尝试着用人为的办法做些改变，以实现自然条件下无法完成的事！我用镊子非常耐心地把左鞘翅放到右鞘翅上面——当然，这个过程我没有死用力气，而是用了巧妙的手法，所以结果很不错：没有出现扭伤！好了，这个过程中一切的一切，都做得非常好：没有导致它的肩膀脱臼，也没有使它的翼膜发生褶皱。就是在正常情况下，它的翅膀也不可能摆得比这更到位。

把它的乐器位置颠倒过来，蟋蟀还能够唱歌吗？我希望是这样。因为从表象来看，应该是这样的。可是，我很快就发现自己错了。

刚开始有那么一阵子，它没有任何反应。但是，过后不久应该是感到了不舒服，它把吃奶的劲儿都用上了，想把乐器扳回到原来的位置上去。其后，我反复实验了多次，发现都是白费力气。最终，它不屈不挠的意志力战胜了我的坚持——鞘翅总能够恢复到正常的状态。这个方法显然是行不通的。

如果是在鞘翅刚刚长出来的时候，就进行这样的实验，会不会有好的结果呢？现在，它的翅膜已经长僵硬了，无法弯过来，褶皱也业已成形——所以，应该在一开始就摆放好这块像布料一样的玩意儿，因为这些新器官还有可塑性。如果在翅膜刚刚长出来时就给它“动手术”颠倒位置，结果又会是如何呢？——显然，这样的实验值得一做。

因此，我又去寻找它们的幼虫，特别留意于蜕皮变形那个时刻。蜕皮仿佛它的重生。这个节点上，它那未来的翼和鞘翅，就好像四个极小的皱薄片；它们的外形又短又小又开叉，像极了奥弗涅[1]地区干酪制造者穿得短上衣。如果不希望失掉机会，我必须加倍努力！终于，努力有了结果——我看到了蜕皮！

那是五月初的一个上午，时间定格在十一点钟前后。我目睹一只幼虫扔掉了它那粗糙的旧“外套”。当时，刚刚经历蜕变的蟋蟀呈栗红色，只有鞘翅和翼是纯白色的。

刚刚从“外套”里挣脱出来的翅膀和鞘翅，又小又皱，还残缺不全。翅膀一直都呈现退化的样子——或者说“几乎都”。而鞘翅会一点点地胀大、张开、伸展开。左右鞘翅的内边往前生长——在同一平面和同一水平上，速度缓慢得几乎让人看不出来变化。关键是在这个时候，根本就看不出来哪个鞘翅在上面。接下来，两个鞘翅的边沿碰到一起，过了一会儿，右边的就盖在上面了——这时，就必须出手干预，

---

① 奥弗涅：法国旧省。

否则就丧失了难得的机会。

我用一根草轻轻去改变鞘翅重叠的次序，终于把它的左鞘翅搁到了右鞘翅的上面。那昆虫显然不高兴，它挣扎了一下，就打乱了我的安排。我只有再把它扳回去——尽可能小心地，因为它那娇嫩的器官，仿佛刚从又薄又湿的纸上裁下来似的。终于，我的努力取得了完全的成功：左鞘翅盖在了右鞘翅的上面——虽然仅仅盖住了一点，几乎不到一毫米。唉，随它去吧！往后的事情会自动进行的。

确实，鞘翅按照我所希望的发育着：左鞘翅不停往前生长，最后把右鞘翅盖住了。下午三点左右，蟋蟀从淡红色变成了黑色，但鞘翅一直是白色。再过两小时，这两个鞘翅就会呈现正常的颜色。最终，在强扭的状态下，鞘翅发育成熟了——和我的意图一致，它们张开、定型、长大，最后变硬实。这些鞘翅完全是按照颠倒的次序生长的。这样一来，蟋蟀就成了左撇子——它是否永远都是左撇子呢？

初看起来是这样的。到了第二天、第三天，我的这种期冀加强了。因为，鞘翅还是最开始的模样，根本没有什么变化。我预料，用不了多久，就可以看到这个艺术家用家族成员从没用过的琴弓尽兴演奏。

终于，到了第三天，这个我所期盼的新歌手第一次登台。我听到了几声短促的吱吱咯咯声，活生生就是机器没啮合好的齿轮发出的噪声。接下来，它急吼吼地调节了它的齿轮。待认为已经调节好，它就又开始了歌唱——嗯，它一定能唱出通常的音调和节奏。

可是，可是……捂住你那不知天高地厚的面孔吧，你这个自以为聪明的实验员。你太相信你那根草的魔力啦！你洋洋自得地以为，给蟋蟀创造出了一个新式的乐器。事实上，你根本就是一无所得。蟋蟀完全挫败了你的阴谋诡计：它依然拉着它的右琴弓，而且自始至终都拉的是右琴弓。为此，它宁可付出痛苦的代价——那对被颠倒位置的鞘翅已经长硬实了，看起来似乎已经固定成形，但它非要把鞘翅恢复原位——结果导致它的肩膀都脱臼了，可它依旧坚持！最终它胜利了，硬是把该在上面的恢复到上面，该在下面的恢复到下面了。

关于这乐器，已经介绍得够多了。现在，应该集中注意力来听它的音乐表演了！蟋蟀经常在温暖的阳光下，在家门口唱歌——它从来不会闷在屋里歌唱。它那鞘翅发出柔和的"咳哩咳哩"的颤音。这颤音浑圆而又响亮，富有非常强烈的节奏感，而且可以无休止地继续。

在整个春季的闲暇时光里，它就这样逍遥自在地歌唱着。这位隐士主要是唱给它自己听：它的生活如此充满乐趣。它赞叹照射在身上的阳光，赞美提供美食的青草和能够遮风避雨的隐蔽所。它拉动琴弓，首要的是为了歌颂幸福的生活。

这个不合群的独居者，也会殷勤地为女邻居们歌唱。说句实在话，如果我们的观察，不是在它们处于被囚禁的迷乱状态下来进行的，我们可以发现蟋蟀的婚礼其实是非常怪异的。

可是在这儿，想寻找机会是徒劳的。因为蟋蟀胆子非常小。必须等待机会。我会不会有一天能够等到呢？极大的困难并没有使我失望。目前我们还是满足于可能发生的情况和网罩里看到的现实吧。

雌蟋蟀和雄蟋蟀并没有住在一起，它们都极其喜欢待在各自的寓所里。谁会主动屈尊到对方家里去呢？求爱者会主动去向被求爱者告白吗？在交尾时，在住所相距较远时，声音成为唯一的向导。不出声的女方，就必须主动去找发出声响的男方。但是，为了维护礼仪，加上囚禁中的昆虫所告知我的，我认为，其实雄蟋蟀有专门的办法，引导它自个儿走到不出声的雌蟋蟀那儿去。

双方是在什么时候见面，又是如何会面的呢？按我的估计，应该是在薄暮时分。这个过程发生在天开始黑下来的时候，地点就在女方家门口铺着沙的空旷地上——在它宫廷门前的大院里进行。

这种夜间旅行，距离大约也就是二十步远，可是对于蟋蟀来讲，却属于重大的行动。因为它们日常都是足不出户，也没有专门学过地形学。夜间长途跋涉后，它该如何回到自己的寓所呢？——很有可能再也无法返回。我非常担心它因此而流离失所，只能到处游荡。它已经没有多余的时间，也没有力气再挖新的隐蔽所。它会死得很悲惨，成为夜里四下搜寻的蟾蜍嘴里的美味。对雌蟋蟀的夜访，会导致它居无定所，最终使它死于非命。可是雄蟋蟀全然不把这一切风险当回事儿。它需要完成作为蟋蟀必须承担的责任与义务。

我把旷野里可能遇到的危险，和网罩里的现实进行结合，才得到这一事件可能的全貌。在同一个罩子里，我放进去好几对蟋蟀。我的这些“囚徒”根本不需要建造住所。在漫长的期待和长久的行动中，时间一点点溜走了。那些蟋蟀们在网罩里来回踱着步子，显然并没有去考虑建造固定居所这件大事。它们就蜷缩在一片莴苣叶下栖息着。

只要没有交尾期出自本能的争斗，这里就是充满和平气氛的净土。但是，求偶者之间经常会爆发激烈的争吵——虽然事态不算太严重。两个情敌面对面站着，头上都牢牢地戴着能经受住夹钳的“头盔”。

它们凶狠地咬住对方的头皮不放，扭打成一团。战争结束时，两个为爱而战的勇士站起身，然后分开来。战败者赶快脚底板抹油——

溜之大吉。得胜者得意地引吭高歌，唱响豪气干云的歌曲，借以羞辱对方。之后，它会降低调门，围着女友柔婉地献歌。

它在女朋友面前，一改打斗时的粗鲁形象，惺惺作态地卖弄风情，用手指把一根触须勾到大颚下，让其卷曲起来，再把唾液作为美容剂涂抹上去。它那带尖钩、镶红带的长后腿，急火火地跺着，踢着脚板。大概是过于激动，以至于唱不出声来。虽然它的鞘翅也在快速地颤抖，却没有发出声响，或者发出的仅仅是杂乱的摩擦声。

可是，它这大胆、狂躁的爱情表白没什么作用。雌蟋蟀竟然躲进草丛，把寓所的门帘掀开一点，害羞地注目张望，显然期望对方能够看到自己。它一边羞怯怯地逃进草丛，一边依然偷偷瞅着求婚者。两千年前的牧歌就是这般动人地咏唱。无论是在何时何地，情人之间纯洁的调风弄月，都是一样的啊！

召唤恋人的歌声又响了起来。演唱过程中，演唱者有时会沉默一小会，或者是改为低声调的震颤音。

终于，如此充沛的激情打动了雌蟋蟀，它从隐身处走出来了！它的男友激动地迎上前去，然后行为古怪地猛然掉转头，转身就趴在了地上，接着倒退着朝后爬行，多次图谋钻到雌蟋蟀的身下去。这种奇特的行为举止最后终于取得了成功。现在，交配完成了。一个精子托——大小不及大头针的头一般的细粒，在老地方悬挂着。瞧着吧，到第二年，草地上就有它们的后代在活蹦乱跳了。

接下来就该进入产卵阶段。这一对蟋蟀终于一同生活了。它们的日常被吵来打去所充斥。做父亲的居然被打得近乎残废，它的小提琴也被无情地扯烂了。

假如还生活在自由的田野上，而非关在网罩里，这个可怜的受迫害者肯定会逃离二人世界。作为最能够和平相处的昆虫，女方对男方竟存在这种近乎凶残的厌恶感，让人不得不沉思。刚才还是卿卿我我的亲密侣伴，现在男方一旦落入女方嘴里，就可能被吃光。最后的一次会晤后，雄性剩下来的只有残肢断腿，和破烂的鞘翅。

蚱蜢和蟋蟀——古老世界残存下来的代表者，在不经意间告诉我们，在生命的原始机械中，雄性仅仅属于次要的齿轮，而且它们必须在很短的时间里消失，为的是把空余的地方让给真正的生殖者、劳动者——母亲。就算雄蟋蟀能够摆脱伴侣那好斗的牙齿，它也可悲地丧失了价值，很快还是会被生活杀死。在六月里，我那个网罩"实验室"里的雄性"囚犯"都死去了。有些属于自然死亡，有些则是暴卒。

我居住的这个地方，没有家蟋蟀——它们只属于面包店和村庄里的屋子。在我住的地方，烟囱石板下面的缝隙里听不到蟋蟀的声音。

作为对人类遗憾的补偿，夏夜田野里到处都响起北方地区不熟悉的歌声。阳光明媚的春天里，大自然交响乐团成员由田野蟋蟀组成；在寂静的夏天夜晚，树蟋（又称意大利蟋蟀）成为这个交响乐团的成员。一个在白天，一个在夜晚，它们平均分配了美好的季节。一旦前者停止歌唱，后者很快接替前者的工作，开始奏鸣美妙的小夜曲。

意大利蟋蟀通常没有黑色的"外套"，也没有蟋蟀家族特有的笨重外形。相反，这种蟋蟀身材细长且脆弱，浑身上下的苍白色更接近白色——这是为了适应夜游的需要。用手指捏着它，都怕把它一下子给捏碎了。它们待在各种各样的小灌木上，待在长得非常高的草上，过着漂浮不定的生活，很少屈尊下到地面上来活动。

从七月到十月的夜间，是非常炎热而又恬静的，它们就从太阳下山时开始歌唱，一直持续到大半夜，汇合成妙趣横生的音乐会。很多人都听到过这种歌声。因为，就算是再小的荆棘丛中，都能够找到它们的交响乐团。有时候，农夫在搬草料时会把它带进谷仓。而它们居然迷途不知返，干脆就在那谷仓里唱起歌来。

这种苍白色蟋蟀的习俗非常神秘，没有谁知道是哪一种蟋蟀唱出这种小夜曲的，所以就有人说这是普通蟋蟀唱出来的——自然，这完全是错误的。因为这时候，普通蟋蟀还非常小，小到还不能歌唱。

它唱出的歌声是缓慢柔和的"咳哩—矣—矣""咳哩—矣—矣"。低沉的颤音，使得歌声更能打动人。

听到这歌声，我们猜测它的振动膜应该非常细薄、宽阔。

这昆虫停留在草堆上。如果没有什么去打扰它，它的声音就一直不会改变。但是，稍微有一丝响动，演唱者立刻会改用腹语鸣唱。本来听到它在这里，就在你的身旁唱歌。突然间，你发觉不知什么时候，它已经跑到二十步开外的地方，继续演唱。由于距离太远，你已经听不清楚。

你走到那个地方去寻找，却发觉什么也找不到。最初声音明明就是从那里传出来的，可你感觉那地方也不对。现在，你有可能会觉得声音从左边，或者从右边，甚至从后面传过来。这下，你全然蒙了，无法判断它究竟在哪里。

你凭听觉完全没办法找到昆虫歌唱的地方。必须保持高度的耐心，尽可能小心翼翼，才有可能抓住这位歌手。我就是这样才抓到了几只，把它们关进了网罩里——正因为这样，我才对这位演唱者有了那么一点有限的了解。

它的两个鞘翅由一片大而宽的干膜构成，干膜呈半透明状，和洋葱皮一样薄，这片薄膜整个都能振动。鞘翅的形状如同从圆圈上取下来的一截，上端短小些。这段圆圈从那条粗大的纵翅脉处折成直角，末端有一条明显的边缘。休息时，这边缘就围在身体的侧面。

它的右鞘翅叠在左鞘翅上。内边下面与底部相接之处，有一块胼胝，五条翅脉就从那里辐射出来。两条翅脉朝上，两条翅脉朝下，而第五条翅脉基本是横向的，接近棕红色。那属于基本构造，即琴弓。这点可以从翅脉上横向刻着的细锯齿看出来。

鞘翅的其他部位还有另外几条翅脉，稍微细一些。这些翅脉的作用是绷紧薄膜。不过，它们并非摩擦器械的组成部分。左鞘翅，或者说下鞘翅，结构与右鞘翅基本相同，区别就在于琴弓、胼胝以及由胼胝辐射出去的翅脉位于其上部。另外，两把琴弓——即右琴弓和左琴弓是彼此斜向交叉的。

发出最洪亮的声音的时候，左右鞘翅如同薄纱大风帆一般立起来，彼此的内边缘有些接触。一把琴弓歪着啮合在另一把琴弓上面，相互之间摩擦，使得两片紧绷的薄膜振动发出声响。

琴弓在另一个鞘翅的粗糙胼胝上摩擦，和在四条光滑的辐射翅脉上摩擦，发出的声音是不一样的。这就可以部分解释，为什么胆小的昆虫感到不安全时，会让我们产生幻觉，认为歌声似乎是来自这儿，又仿佛是来自那儿，就好像来自好几处不同的地方。

声调的强弱高低，以及由此产生的发声点距离的远近，都属于腹语者必备的主要技术手段。要知晓产生这种幻象的另一个原因非常容易。声音如果要更响亮，鞘翅就必须完全竖起来；声音如果要放低，鞘翅就或多或少得放下去一些。当处于放下的状态时，鞘翅边缘压在它柔软的侧腹部。这样一来，它就能够缩小振动部分的面积，起到减弱音量的作用。

玻璃可以发出清脆的叮当声。一旦你的手指稍微挨上去，玻璃发出的声音就没有那么响了。声音似乎被盖住，听不清楚，如同从远处传过来的一般。看来，这些灰白色蟋蟀通晓这个声学方面的奥秘。

当它把振动片的边缘搁置在柔软的肚子上时，所发出的声音，会使抓它的人无法准确判断出它的准确位置。我们人类制造的乐器有制振器和弱音器。意大利蟋蟀的乐器完全可以与我们人类的乐器一较高低，并且它的乐器结构更简单，效果更好，完完全全超越了我们的乐器。

同样，田野蟋蟀和同属的昆虫把鞘翅的边缘搭在肚子上，通过调整其部位来控制弱音器。但是，它们俩没有谁能够比得上意大利蟋蟀。意大利蟋蟀聪明地使用这个方法，产生的效果能够完全将人迷惑。

即使我们的脚步声已经足够轻，但是只要被它听到，它就会出人意料地迷惑我们，让我们错误地认为它离我们很远。

它的音质如此清纯，颤音如此柔媚。在八月夜深人静时，我从来没有听到过其他昆虫的歌声比它的更优美、更清丽。过去有很多次，我静静地躺在迷迭香花丛中，悉心倾听它们美妙的音乐会！

夜间在花园里放肆歌唱的蟋蟀非常之多。每一簇开着红花的岩蔷薇上，都有合唱队员；每一束薰衣草上，都不缺歌唱家。枝繁叶茂的野草莓树和笃蓐香树，都成为一个个合唱团的演出场地。在茂密的灌木丛里，与其认为这些小生灵在用它们清脆的声音相互呼应，不如说是每个歌手无论别人高唱什么坎蒂列那[1]，其实都是在各自抒发自己的快乐。

① 坎蒂列那：中世纪时的一种叙事抒情歌曲。

第七章　蝗　虫㊀

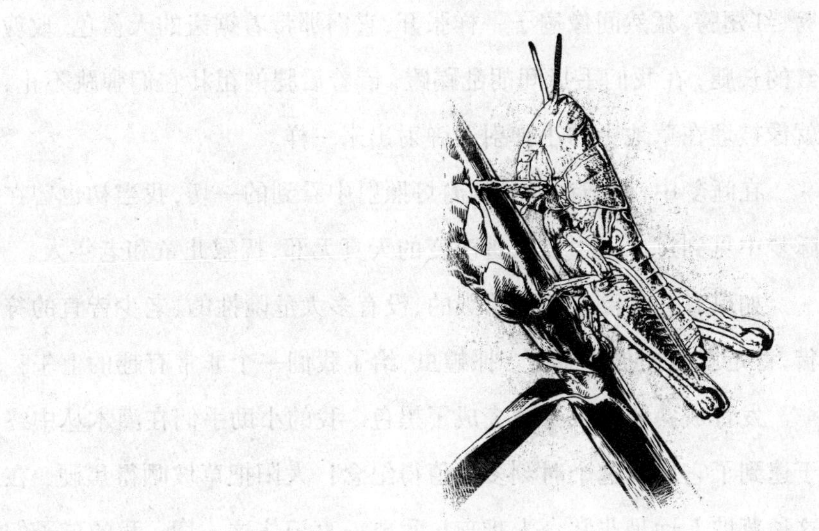

蝗虫的角色和发声器

“孩子们，明天，太阳还没有很热的时候，都做好准备，我们去逮蝗虫。”这个决定一公布，正在吃饭的家人全都沸腾起来了。

今天夜里的梦中，我的小合作者们会遇见什么呢？蝗虫的蓝翅膀、红翅膀，猛然间像扇子一样张开，它们那带着锯齿的天蓝色、玫瑰红的长腿，在我们手指间胡乱踢蹬，借着后腿的粗壮它们弹跳不止，就像被埋在草地中的小弹射器弹射出来一样。

在睡梦中，他们在诡异的魔灯照射中看到的一切，我当初也曾在睡梦中见到过。人生以未曾改变的天真无邪，抚慰儿童和老年人。

如果有一种没有残暴杀戮的、没有多大危险性的、老少皆宜的狩猎，肯定就是捕捉蝗虫了。抓蝗虫，给了我们一个非常有趣的上午！

发育成熟的幼虫身体变成了黑色。我的小助手们在灌木丛中终于逮到了它们。这个时刻多么值得纪念！太阳把草坡晒得焦硬，在这种草坡上远足非常令人难忘！我要一直记住这一切。我的孩子们也将能够保留捉蝗虫的点点滴滴的回忆。

面对抓到的蝗虫，我要问的第一个问题是：“在田野里，你们扮演的是什么角色？”要知道它们声名狼藉——书本上把它们描绘成害虫。

你们该不该受到这种指责？我斗胆表示怀疑——不过，不言而喻，在东方和非洲制造灾害的恐怖毁灭者理应排除在外。

你们都被冠以饕餮之徒的坏名声！只有我认为即使是饕餮之徒，益处也远胜过害处。我从来没听到本地区的农夫对你们口出恶评。他们怎么会指控你们造成损害呢？植物上的芒刺，绵羊啃不动，也不肯吃，是你们把它们啃掉了。你们钟情于作物间疯长的杂草。

你们所吃的，是除你们之外其他动物都不吃的，或是不结果实的东西。你们的胃很强壮，完全能够依靠根本不能吃的东西为生。

更何况，你们来到田野中的时候，唯一能够吸引你们的东西——麦子，早已成熟收割。就算你们进入菜园觅食，干的坏事也不能算罪恶滔天——只不过是几片莴苣叶被咬坏而已。

以一畦萝卜地为标准，来衡量事物的重要性，这未必是好方法！

不能因为某些无关紧要的细节，而忘掉根本的东西。

通常，目光短浅的人为了保存几个李子，会搅乱整个宇宙的秩序。如果让他去处理昆虫，那么他想到的肯定只有毁灭。

幸亏这种目光短浅者没有，也永远没有这样的权力。

想想看，假如这些被指控偷走田里所有农作物的蝗虫消失了，会给我们带来何种后果！

九十月间，小孩子们拿着竹竿，赶着一群群火鸡来到麦茬地。火鸡发出咕咕噜的声音，缓慢地走着。它们经过的地方不仅干旱，还光秃秃的，且已经被太阳晒焦，只有一簇矢车菊长着最后的几个绒球。

跑到这如同沙漠一般的地方，饿着肚子转来转去，这些火鸡到底是为什么呢？

“它们期望在这儿把自己喂胖，以登临圣诞节的家庭餐桌！”

“它们在这荒凉之处转来转去，显然是为了长出肥美可口的肉。”

如果真是这样子，请问，如此不毛之地它们吃什么？答案只有一个：吃蝗虫。在圣诞的夜宴上，人们吃到的美味烤火鸡，部分就是依赖这种无须分文、味道可口的天赐美食发育而成的。

在农场的四周，当家禽珠鸡游逛时，它不停地在寻找什么？——当然是在找麦粒！不过，它们的首要对象是蝗虫。这种食物能够帮助珠鸡腋下长出脂肪，从而使肉更鲜美。

母鸡也同样喜欢以蝗虫为大餐。看来，它知道这种肥美的食物可以促进其生殖力，使它更能下蛋。把母鸡一旦放出鸡窝，它必然会带小鸡去麦茬地。如果能够自由地闲逛，蝗虫便会成为其营养价值最高的补充食品。

除家禽以外，其他的就更不必提了。如果你是一个猎手，如果你喜爱的美味是法国南部丘陵的著名特产——红胸斑山鹑，你把刚刚打下来的这种鸟的嗉囊剖开，那么就可以找到蝗虫优质服务的证明——而它恰恰遭受到了不该有的污蔑。

十只山鹑中，就会有九只的嗉囊里填满蝗虫。山鹑酷爱吃蝗虫。一旦能捉到，它宁可吃蝗虫，都不愿吃植物的籽粒。假如全年都有这种营养全面、热量充足的美味，山鹑肯定会把籽粒忘在脑后。

我们再来看看图塞内尔著名的“歌唱家”黑脚[①]族飞鸟吧。这个大家族中首屈一指的，就是普罗旺斯白尾鸟。到九月份，它就已经长

① 黑脚：原指居住于阿尔及利亚的法国人，此处借喻候鸟。

得很肥，成串烧烤起来非常好吃。

在猎捕鸟类时，为了能够了解它们摄取食物的情况，我一一记录下它们嗉囊里和胃里的东西。

这里是一份它们的“菜单”：首先是蝗虫；紧接其后的是各类鞘翅目昆虫，如象虫、砂潜、叶甲、龟甲、步甲等；再次是蜘蛛、赤马陆、鼠妇、小蜗牛；最后是比较少见的血红色欧亚山茱萸和树莓的浆果。

通过观察可见，这种食虫鸟食性较随意，能够找到的野味几乎都吃。它们之所以吃浆果，是因为实在没有更好的食物。

在我的笔记本上所记下的四十八例中，吃植物的仅有三例，最普遍、最多的是蝗虫。这种鸟善于挑选能够吞下去的小蝗虫下嘴。

其他一些小型候鸟也是如此。待到秋天来临时，它们会在普罗旺斯稍事停留，在尾部堆积脂肪作为粮食储备，以满足长途朝圣之旅的需要。它们无一例外地都以蝗虫为美味，蝗虫成为来源最丰富的口粮。在荒地和休耕地上，它们抢着啄食这种爱蹦跶的美食，为的是给长途飞行提供充沛的动能。

蝗虫已经成为这些鸟秋季大旅行时的救命食物。事实上，人类也以蝗虫为食。一个阿拉伯作家在所著的《大沙漠》一书中写下这样的文字：

> 蝈蝈儿[1]成了人和骆驼的最佳食物。无论是新鲜的，抑或是经过存储过的，去掉它那难以下咽的头、翅膀和爪，就

① 准确些说，是蝗虫，不应该跟带有尖刀的蝈蝈儿混淆起来。——原注（下面我们均译为“蝗虫”）

可以和古斯古斯[1]在一块儿做烧烤，甚至是煮着吃。

把蝗虫晒干以后再碾碎，然后倒入牛奶搅拌，或者是和上面粉，最后，用油脂或牛油加上盐来炸着吃，是绝佳的美食。

骆驼一样喜欢吃蝗虫。人们把烤干的，或是炒过的蝗虫，喂给骆驼吃。

为了能够吃到一块没有血的肉，梅雨昂[2]曾经祈求真主。于是真主就给她送去了蝗虫。一旦有人拿蝗虫给先知高贵的夫人们送礼，她们就会把蝗虫用漂亮的果篮盛着，去送给别的女人。

有一次，有臣子问欧麦尔哈里发[3]是否允许吃蝗虫，哈里发回答："我都想吃它满满一篮子。"毫无疑问，从这些事例可以知道，蝗虫是真主恩赐给人类作食物的。

我没有那位阿拉伯博物学家游学得那么远。毕竟人要消化掉蝗虫，需要非常发达的胃，而这般厉害的胃并非每个人都能够拥有。个人的观点是，蝗虫仅仅属于造物主恩赐给诸多鸟儿的食物。我解剖观察了许多鸟儿的嗉囊，都证明了这个事实。

其他动物，特别是爬行类动物，也同样喜欢吃蝗虫。普罗旺斯这个地方的小女孩非常害怕的拉萨多——一种眼状斑蜥蜴，它特别爱躲在被炙热的太阳晒成烘箱般的乱石堆里。

---

① 古斯古斯：北非一种用麦粉团加作料做的菜。

② 梅雨昂：圣母玛利亚。——原注

③ 欧麦尔（约581—644）：伊斯兰教的第二任哈里发（634年登位），在位期间伊斯兰政权从阿拉伯一小邦发展成为世界强国。

它那肥大的肚子给我的论断提供了证明。我曾经很多次看到，墙上爬行的灰色小壁虎嘴里叼着一只虫的残骸——这是它经过长时间侦伺才捕获到的猎物。其实鱼如果能吃到蝗虫，也会很高兴。

蝗虫跳来跳去，其实并没有什么明确的目的地。它的跳跃目的地非常盲目，落到哪里都可以。当然，一旦掉进水里，鱼儿就会毫不犹豫地吃掉这个淹死者。不过，这种美食可能是致命的——因为钓鱼的人就利用这一点，拿美味的蝗虫作为诱饵，引鱼上钩。

无须再进一步列举吃蝗虫的动物。现在，我已经彻底搞明白它的重要用途。通过百转千回，它把没有营养的禾本植物转换成珍馐美味，送给食不厌精的人类享受。故此，我也很愿意像阿拉伯作家那样说："是万能的真主把蝗虫作为食物，恩赐给人类。"

事实上，人类是通过山鹑、小火鸡和其他许多动物，间接地吃蝗虫。任何人都会赞扬蝗虫的好处。但是，有一点还不能确定——那就是直接吃蝗虫。人们是否厌恶直接以蝗虫为食呢？

野蛮焚毁亚历山大图书馆的欧麦尔哈里发，却不是这样的看法。和他的粗糙的智力一样，他的胃也粗糙得如石头磨盘。所以他说他愿意吃下去满满一篮子蝗虫。

其实，早在欧麦尔哈里发之前，人们对蝗虫是十分钟情的——当然，那是由于当时的饮食粗糙。身着骆驼毛衣服的施洗约翰[1]、希律[2]时代传播好消息的先驱和伟大的民众鼓动者潜水约哈斯，就是靠蝗虫和野蜜才能够在沙漠中活下来。《马太福音》就提示过："吃的是蝗

---

① 施洗约翰：《新约》人物，犹太先知。

② 希律（前 73—前 4）：《新约》人名，犹太国王。

虫和野蜜。”[①]我认识野蜜。从石蜂的蜜罐里就可以找到它。这种野蜜是可以吃的。余下的,当属沙漠里的蚱蜢类昆虫,亦就是蝗虫。

我还是小孩子的时候,曾经和所有的小孩一样,生嚼过蝗虫的大腿,认为它非常的好吃,嚼起来很有味道。今天,我们的饮食结构已经提高了很多档次,可还是让我们尝尝欧麦尔和圣施洗约翰的菜肴吧。

我曾经把抓来的蝗虫,裹上牛油撒上盐,简单地煎一下,晚餐时分给大人小孩吃。大伙儿一致为哈里发的佳肴点赞,认为比亚里士多德吹捧过的蝉好吃多了,既有虾的鲜味,又有烤螃蟹的香味。尽管它身上能吃的肉不多,不过并非硬得不能下嘴。甚至,我认为它的肉很鲜美——即使我未必想再吃。

由于博物学家的好奇心,我吃过两次古代的大餐:蝉和蝗虫。说实在的,我压根就不喜欢这两种菜。这样的名菜,我宁可让给大颚粗壮的小“黑人”,宁可献给著名的哈里发这种好胃口的人。

即使我们的胃娇嫩到不愿意接纳蝗虫,却无法削弱蝗虫具备的优点。这些在草地上跳高的家伙,是食物制造工厂里的重要角色。它们成群结伙地大规模繁殖,在贫瘠的旷野上捕食,然后再把无用的东西转化成食物,供广大的“消费者”享用——这其中,首当其冲是鸟类——人又恰好经常以鸟类为食。

这种全身富含营养的、供诸多土著居民饱腹的昆虫,拥有能够表达欢愉的乐器。

现在,让我们来静心观察一只在阳光下小憩、满意地消化食物的

① 《马太福音》第3章。

蝗虫！突然，它发出鸣叫，重复几声之后，短暂地休息片刻。它就这样反复演奏乐章。它那粗壮有力的后腿，在它身子两侧弹奏着。一会儿用这只，一会儿用那只，一会儿两只并用。它发出的声音实在是太微弱了，以至于我非得求助于小朋友的耳朵去听，才可以确定有声响。

这声响，类似针尖擦过纸页发出的声音，是它所有的歌声——其实，严格起来讲，更接近寂然无声。粗陋到如此程度的乐器，几乎难以奏出悦耳的音乐。蝗虫与蚱蜢向我们显示的乐器，全然不是一回事：没有带锯齿的琴弓，没有紧绷的音簧似的振动膜。

瞧瞧意大利蝗虫，其他蝗虫的发声器都跟它一模一样。它的后腿呈优美的流线型，每一面都有两条直立的粗线条。在这些主要部件之间，一系列人字形的细线条，像一级级楼梯状排列着，内外都一样突出、一样明显。除了里外两面一模一样外，更令人感到惊奇的是，这些线条表面都非常光滑。鞘翅的下部边缘，就起着琴弓的作用；摩擦大腿的那个边缘，并无什么特别。这边缘和鞘翅的其他部分一样，长有一些粗壮的翅脉。不过却没有锉板，更没有任何锯齿。

如此简陋的发声器，简直是个试制品，怎么能发出声音呢？那动静，就像轻轻擦拭一块干皱的皮膜所发出的声音。

可是，就是为了能够发出这么微弱的声音，蝗虫需要或抬高或放低它的腿，激烈地颤动。看来，它对自己的成绩相当满意。它摩擦自己侧面的躯体，如同我们高兴时来回搓双手一样，并不是为了发出声响。这种摩擦是属于蝗虫特有的表达快乐的方式。

在天空略有一些薄云、太阳时隐时现的条件下，好好地观察一番吧。一旦太阳露出笑脸，它的大腿就兴奋地上下弹动。阳光的温度越高，弹动得越厉害。

蝗虫唱歌的时间很短暂。只要有阳光洒下来，它就不停歇地唱着。如果太阳被云遮住，这歌声就立马停止。待到阳光再现，就又重新开始歌唱。这些如此热爱阳光的昆虫，表达自己舒心惬意的方式，竟是如此简单。

当然，并非所有的蝗虫都会摩擦身体来抒发欢乐的情绪。长鼻蝗虫有很长的腿。但是，无论太阳晒得多么的暖洋洋，它依旧沉闷不出声。我从来就没有看见过拿大腿作琴弓的。它的腿是那么的长，但是除了用以跳跃外，就没有其他什么用途。

虽然灰色蝗虫的后腿看上去也很长，但是也不会发出声响。因此，它会采用一种特别的方式表达愉悦之情。这个蝗虫中的巨人，在隆冬时节会经常溜进我的花园。

遇上阳光温暖、天气祥和的日子，可以看见它张开翅膀，花上几分钟时间在迷迭香上急速拍打，那模样似乎要起飞。可是，无论这翅膀拍打得多么迅速，依然几乎听不见它发出的声音。

与它相比，其他的一些蝗虫，在这方面的表现更糟糕。万杜山顶上阿尔卑斯距螽的伴侣——步行蝗虫，就属于这个范畴。在阿尔卑斯山区，遍地都生长着帕罗草，远远看上去像大地覆盖着银色的地毯。这种步行蝗虫就在这银色地毯上面自由自在地踱步。它属于这种地中海植物的常客。这些地中海植物的小花白得像山上的雪，花芽呈玫瑰红，仿佛在雪中微笑。步行蝗虫穿着的紧身短装，新鲜的颜色如同花圃里的各种植物的色彩。

在高原地区，由于阳光没能被浓雾遮住，使得步行蝗虫的衣服显得优雅且简朴。它的后背看上去如同淡棕色的缎子;肚子是黄色的;大腿下部呈珊瑚红色;后腿是漂亮的天蓝色,前部还镶着一个象牙色的圆环。它长得再怎么有颜值,却并没有超脱幼虫的外形,依旧是穿着很短的外衣。

步行蝗虫的鞘翅是两片粗糙玩意儿,彼此间被分隔开来,有些近似西服的后摆,长度没有超过其腹部的第一个环节。相比之下,它的翅膀更短,根本不及腰部的上端。每一个头一次见到它的人,都误以为它是幼虫——当然他肯定是理解错了!这个小家伙,业已发育完全,生长成熟可以交配了。这种蝗虫,直到咽气时,都是这般如同没有穿衣服一样。

裁缝师给步行蝗虫剪裁的上衣如此短,还有必要指责它不善于鸣唱吗?其实,它有琴弓——即粗壮的后腿。可是,它根本就没有鞘翅,更不可能有突起的边缘,用作在摩擦时发声的空间。

假若说别的蝗虫发出的声音不够响亮,这种蝗虫则完全不发出任何声响。我周围有人耳朵比我灵敏,可是他再怎么认真听,也无能为力。就算把它们喂养三个月,还是不能听见它们的任何声音。

这个沉默的昆虫,肯定会采用其他什么方式表达自己的快活和召唤情侣。那么,可能是什么方法呢?抱歉,我确实不知道。

干脆,把这个在发声方面的滞后份子搁置到一边吧。不明白为什么和它的同类相比,它的差距如此之大。机体在发育过程中,也可能会出现退化,可能会出现停顿,可能会出现跃迁。我们虽然很好奇,却无法解释为什么会出现这种现象,这个问题对我们来讲太深奥。面对这个还不能解决的难题,最好的办法就是谦卑地躬身告退吧!

蝗虫的产卵

乍眼一看，除去那一些在非洲偶尔肆虐的种族之外，蝗虫并没有什么惹人注目之处。它们随便大吃大嚼任何东西。对于那些我网罩里的蝗虫，仅用一片莴苣叶，就能够喂饱它们全体。谈到它们繁殖后代，那就是另一码事情，需要我们另行观察。

在婚姻方面，它们没有表现出任何的古怪之处。蝗虫虽然在结构上和蚱蜢类昆虫很接近，但是在习惯和性格方面根本不一样。蝗虫是和平主义者，连交尾相关的事都中规中矩，不会发生暴力事件，也不会僭越昆虫世界的礼法。见过蝗虫对生殖的狂热程度，就能知道在原始直翅目昆虫发情期的狂热中，蝗虫其实还没有超过蚱蜢。事情本来就是那么一回事，没有什么非常突出的地方值得大书特书——所以，我就不再论及这个事情，跳过去直接讲讲产卵。

八月末的中午，我们一起来观察意大利蝗虫产卵吧。

它们算得上我家住宅附近最热衷于跳跃的昆虫。它们一个个膀大腰圆，双腿有力，鞘翅短小，仅仅能盖住肚子末端。这种蝗虫的大部分身着橙红色带灰圆点的外衣。有一些衣着更漂亮，前胸处镶着一条淡白色绲边，一直延伸到头部和鞘翅上。除翅膀的底部是玫瑰红色之外，其余之处没有颜色。后胫节的颜色和红葡萄酒的颜色一样。

在温暖祥和的阳光照耀下，母蝗虫通常在网罩的边缘选择适合产卵之处。因为，网纱可以为它提供一个需要的支撑点。

它缓慢地用着力气，把圆钝形的探测器，也就是它的肚子垂直地插进沙土中，直到彻底埋住。由于缺乏必要的打孔器，插入沙土的过程非常吃力，它有些犹疑不决。这种锲而不舍的干劲，是任何一个弱者最强大的杠杆！最终它钻进去了。

现在，母蝗虫已经半埋入沙土中，它微微地抖动身子，是随着输卵管用力排卵而有规则地动动停停。伴随颈部脉搏的跳动，它的脑袋忽而抬起忽而落下。除头部的摇晃外，它只能够看见全部身体的前半部分，这部分是不会动的。因为，“产妇”此刻全部心思集中在分娩上。

这个时候，附近会有一只公蝗虫担任警卫兵，并且十分好奇地打量分娩中的母蝗虫。有时，还能够观察到，几只胖乎乎的母蝗虫瞅着正在分娩的同伴。看起来这些母蝗虫对这事非常感兴趣。它们很可能在心里对自己暗暗说：“瞧着吧，很快就会轮到我做母亲了！”

就这样一动不动地过了四十分钟，母蝗虫突然从土里挣脱出来，蹦到不远处。它压根就没有看一眼排下的卵，也没有用尘土把产卵的洞口盖住。那个洞靠沙的自然流动而自动闭合了，一切异常简单，完全没有体现出半点母爱的温暖。毕竟，母蝗虫也并非慈母典范。

有些蝗虫不会如此冷漠地遗弃辛辛苦苦产下的卵。普通的黑条蓝翅蝗虫就是如此；在吉尔这个地方发现的黑面蝗虫也是如此。它们的名称不引人注目。我们该把注意力集中到外衣上的孔雀石绿点

儿，或者是前胸上的白色十字架。

产卵时，这两类蝗虫的姿势和意大利蝗虫一模一样——肚子笔直向下埋入土里。同样，它们也是一直趴在那里纹丝不动，哪怕超过半小时仍然还保持这种姿势；头部会轻微地摆动。这个动作，说明身体在地下在使着力气。终于，“产妇”们从沙土里钻了出来，高举起后爪子，把沙土扫在井口上，然后迅速把沙踩踏结实。

它们的胫骨，或是天蓝色，或是玫瑰红色，如同下冰雹一般急切地上下抽动。在这个过程中，还用脚后跟来回跺着，以夯实洞口。这真是一个充满动感的场面。随着腿脚反复的踩踏，入口逐渐被关闭起来，直到看不到为止。产卵的坑就在这反复踩踏中消失得无影无踪，以至于任何一个心怀叵测的人，靠肉眼肯定发现不了。

不仅仅是这样！那个压实洞口的器官，是以粗大的后腿作为发动机——后腿抬起来放下去，微微刮过鞘翅的边缘。琴弓如此这般地动作，就能够发出低沉的唧唧声，如同在阳光下享受平静的午休时，高兴地歌唱的昆虫一样。

为了庆祝刚刚产完蛋，母鸡用欢乐的歌声来炫耀做母亲的快乐。在许多情况下，母蝗虫也是如此。声音虽然微弱，却是它在庄重地庆贺诞生的新生命。它发表宣言：“我已经把未来的财富放到沙土里！我把一大批将会取代我的胚芽，交给大孵卵器去孵化！”

在极短的时间内，一切就绪。做母亲的就离开这里，去吃上几口绿色的菜叶，恢复体力再准备重新产卵。

在我的家乡，最大个的蝗虫是灰色蝗虫，个头和非洲蝗虫一般大。不过，幸运的是，不会像非洲蝗虫那样造成灾难性的后果。因为它们被关在网罩里灰色蝗虫性情比较温和，生活朴实，对植物无害。

通过一段时间的观察，我有了一些了解，它是快到四月底时交尾。交尾之后没有几天就开始产卵。这个过程持续很长时间。

在母蝗虫肚子末端，有四个短小的钩爪形状的挖掘器，排列成两对，跟其他蝗虫“产妇”近似，仅仅是锋利的程度有些差别：位于上面的那一对钩爪要粗一些，弯钩冲上；下部的一对钩爪稍微细一点，弯钩却是朝下的。这些弯钩刚健无比，尖端呈吓人的黑色，有一面凹陷下去成勺状——这就是它打洞的鹤嘴镐、钻探的工具。

“产妇”把它那长长肚子弯下去，和身体的轴线成九十度直角。它用那四个钻探的工具努力地向土里钻下去，挖出来一些干土；之后，把肚子缓缓地塞进土里；然后开始进行艰苦的工作——但是，看不出它在使劲的样子，也没有摆动身体表示它在努力。

母蝗虫似乎是在全神贯注地考虑着什么重大的事情，静如止水。即使钻在松软的土地上，它的钻探工具也不可能一点动静也没有，仿佛钻进了牛油中一般——更何况，它钻进的是压实的坚硬的土地！

假如能够直接观察这个嵌有四个钻头的钻探工具工作的过程，肯定充满趣味。非常可惜，这个过程是在无法透视的地下秘密进行的。而且根本就没有任何土被排到地面上来，没有任何迹象能够表明，地下在忙碌地工作着。它的肚子其实是逐渐埋下去，和我们的手指头钻进一块松软的黏土中一样。

那四个坚强而又不屈服的钻头，终于打开了通道，而且把泥土都碾成了粉末，用它的肚子把土屑挤到身子的周围，再把它们压实，如同园丁使用小铲子压土一样。并非一下子就能找到合适的产卵地点。

我曾经发现有母蝗虫把肚子全部埋进土中进行钻探，接二连三地挖出来五个洞，最后才找到合适的地方。而不符合需要的洞，就轻易被放弃掉了，而且依旧保持着挖好时的模样。

这些打出来的洞呈椭圆形往下直立，粗细和一支粗铅笔差不多，洞中干净得令人吃惊。人工钻出来的洞都达不到这般要求。洞的深度，和蝗虫肚子最大限度鼓胀拉长时的最大长度一样。

在进行第六次试钻时，它终于认可了选择的地点，于是就在这个洞开始产卵。从外表上，你根本看不出任何动静——因为母蝗虫纹丝不动，肚子全部被埋进沙土里，它那摊开在地面上的长翅膀因此都出现了褶皱。产卵过程整整延续了一个钟头。

到了最后，它的肚子一点一点慢慢拔出来，母蝗虫的身体逐渐回到地面。这时，我们能够观察到一些情况了。它的排卵管的两个瓣，在不停地翕动，排出奶白色、带泡沫的黏液。这一点，和螳螂一样，用泡沫包裹它的卵。

这种泡沫材料，在洞口变为凸起来的圆顶，鼓胀得非常大。这白色的圆顶，与深灰色的泥土形成鲜明对比，非常惹人注目。这种材料的材质柔软、黏稠，能够很快硬化。待完成这个泡泡盖顶后，母蝗虫便放心大胆地离开，不再留恋自己生产的卵。

过几天之后，它会再选其他合适的地点产卵。有的时候，排卵管的两个末端排出的泡沫黏稠物，还没有落地，悬在半空中，它就急不可耐地用洞口处坍塌的土，直接盖住洞口。这样一来，从表面上就完全看不出产卵的地点了。

现在，我们回过头专门来研究网罩里观察到的产卵过程。灰色蝗虫的卵囊是圆柱形的，长度达六分米，宽度达八毫米。卵囊上端一旦露出地面，就会像瓶塞一样凸起，其余的部分粗细还是一样。纺锤状的卵呈黄灰色，被泡沫所湮没，一律斜着身子排成行。这些卵仅仅占到卵囊长度的六分之一左右。其他就是白色的细泡沫，很容易破裂，裹着沙粒。卵的数目不算多，大约三十来个。可是你要知道，一只母蝗虫会在好几个地方产卵。

黑面蝗虫的卵囊是微微有些弯曲的圆柱形，下部浑圆，上部却平整。卵囊约三四分米长、五毫米宽。卵的数量有二十多个，呈橘红色，上面镶嵌着小圆点，乍看上去像纱网一般，非常漂亮。包裹着卵的泡沫不算太多。可是，在这堆卵的上面却有一个非常细的长立柱，是由泡沫组成，透明且很容易被渗透。

蓝翅蝗虫的卵囊，看上去像一个小学生画出来的大逗号。不过，隆起的一端却放在了下面，细长的那一端颠覆性地放在上面。下部蒸釜状的隆起处盛着卵，数量并不多，最多时有三十个，全部是鲜亮的橘红色。不过，卵的外壳没有黑圆点。在“蒸釜”的上面，冒出来弯曲锥状的泡沫柱头。

步行蝗虫被誉为“高山之友”，它的产卵方法跟住在平原里的蓝翅蝗虫相同。它生产的“作品”，像个画得不太准确的逗号，同样也是尖端朝天。卵的数量约有二十多个，外观呈深红色，有镶着细点深色的花边，装饰得格外靓丽。如果用放大镜仔细查看这些出人意料的饰物，你会不由自主地发出惊叹。美真的是无处不在！就连这些不会飞的丑陋的家伙，也会在那毫不起眼的外壳上烙下了美的印记。

意大利蝗虫首先是把卵放进囊里，而后，在囊口即将封闭时，它会突然改变主意，因为那里缺乏一个非常重要的“设备”——上升通道。在即将结束工程、把囊封住时，上部的末端会猛地一阵收缩，改变工作过程——继续按规矩排放泡沫。这样一来，卵囊会延伸出一个附属部件。如此，囊就变成两层楼。由于有一条很深的缝隙，因此这两层楼房就异常分明。下部是椭圆形，用来储存那堆胚胎；上部则尖细状，如同逗号的尾巴，那里面只装有泡沫。这两层楼房之间，连接着一条通道。

根据蝗虫的工艺水平，它们肯定还能够建造其他不同的产卵保护箱，用以保护它自己的卵：有的建造得比较简单，有的却比较巧妙，但都值得给予高度关注。

我们能够了解的还是不够多。即使这样也没有什么关系，因为我们通过对网罩中的蝗虫的观察，能够更多地了解卵囊的结构。

自然，直接观察是肯定做不到的。

通过扒开沙土，直接观察母蝗虫正在产卵的大肚子，必定会导致“产妇”惊慌地蹦到更远的地方去，什么都不让我们看到。幸运的是，我们这个地区有一种十分特别的蝗虫，“愿意”把它的秘密全都透露给我们。这个“慷慨”的家伙就是长鼻蝗虫。除了灰色蝗虫以外，它是蝗虫家族中最高的巨人。长鼻蝗虫的个头没有超过灰色蝗虫，它的身材也更苗条一些，特别是它那奇特的外形，是灰色蝗虫无法比的！在烈日烤过的草地上，没有什么昆虫能够像它那样如同弹簧般跳跃的。它后面的脚异常的奇特，它的“高跷”出乎意料的长！你绝对想象不到——它的后腿长度完全超过整个身子的长度。但是，跳高取得的优异成绩，和这个长腿不大合拍。

在葡萄树下长了青草的沙地上，笨拙地游逛的就是长鼻蝗虫。它那耀眼的高跷，看起来使它步履维艰、动作迟缓。它的这个工具太长了，反而起了反作用，导致它跳起来显得蠢笨，如同在半空中划过一道短短的抛物线。不过，由于“机翼”性能优良，一旦它腾跃起来，还是可以划过一段距离。

另外，它的脑袋实在是太过奇特！那脑袋居然是个长锥体，尖的一端翘上天——正因如此，所以它才傲娇地获得了“长鼻”这个修饰语。

两只椭圆形的大眼睛在脑袋顶部闪动，两根尖而扁平如剑刃般的触须矗立起来——这两把“剑”是搜寻外部信息的重要器官。如果长鼻蝗虫突然把触须拉弯下来，用尖端神神秘秘地探过来测过去，表明它正在搜寻真正所关心的东西——它准备美餐一顿的食物。除去那些不同寻常之处，它独有的特点——足够长的“高跷”，令它成为非同一般的蝗虫！

实际上，平常的蝗虫性格很温和，就算是被饥饿所逼迫，相互之间都是和睦地一起生活。但是，长鼻蝗虫却有着和蚱蜢类昆虫相同的恶劣秉性——捕食自己的同类。我的网罩“实验室”里提供了非常充足的食物，它完全可以随心所欲地变换食谱：从大嚼莴苣叶子转变为饱餐野味！但是即使如此，它依旧恶习不改地吃掉衰弱的同伴。

长鼻蝗虫是能够告诉我们产卵方面知识的蝗虫。在我的“实验室”里，它从不把卵产在土里——一定是对囚居的厌恶而导致如此不正常。我发现它在地面，甚至在更高的地方[1]产卵。

---

① 灰色蝗虫有时也会有这种反常现象。——原注

在十月刚刚来临的时候，它爬到了笼罩的网纱上，异常缓慢地产卵，排放出来异常细腻的泡沫黏液。黏液当即就凝固起来，形成一条圆柱状的粗带子。这条有结节的带子，可以随心所欲地折来弯去。大概需要一个钟头的时间用以排卵。由于在高处，卵会掉落到地面的任何一处，可这个辛劳的“产妇”完全视若无睹，居然也不肯去照顾一下。

每次产卵所生产下来的这个奇形怪状的玩意儿，其色泽都会发生奇妙的变化。刚生下来时是草黄色，然后颜色会开始变暗，第二天就和铁的颜色差不多。它的前端，最开始挤出来的只是泡沫，只在终端才会有卵。卵呈琥珀黄色，用泡沫构成的外壳包裹住。数目大约有二十多个，外形呈圆钝的纺锤状，长度达八九毫米。无卵的一端干瘪，却大于另一端。这一点，说明生产泡沫的器官，比排卵器官要提前开始工作，之后是和排卵器官一道工作。

是什么令长鼻蝗虫的黏性物质发泡，造出多孔的立柱，然后形成裹住卵的包裹物的呢？修女螳螂是在“小勺”里搅蛋白，然后使之像蛋清一般发泡；可是，蝗虫黏液发泡的全部过程，都是在体内进行的，从外面全然看不到。那些黏性物质排出来时就带着泡沫。

螳螂能够建造的建筑，是这般复杂的杰作，这种特殊才干完全不是出于母亲的命令才具备的。如果只能依靠工具的作用，用杰出的小勺，则纯粹是机体作用的结果。长鼻蝗虫更是如此。当它排出如同猪血香肠一般的长绳子时，它完全就是台机器，所有一切都是自动完成的。其他类别的蝗虫也是一样的，它们把卵储藏在带泡沫的囊中，并且使用一条专用上升通道作为保护。除此之外就再没有其他特别的技能。

母蝗虫将肚子埋进沙土里，把卵和黏液一同排放出来，所有一切完全是靠各个器官的机制，自动进行配合。泡沫材料出来后凝固起来，裹上沙砾，作为保护屏障；卵在那里面按规则分层排列在下部，上端泡沫形成一个不怎么坚固的立柱。

长鼻蝗虫和灰色蝗虫的虫卵都孵化比较早。在八月里，草地上就已经能够看见灰色蝗虫在跳跃；十月还没有结束，经常能够见到幼虫圆锥形的小脑袋。

不过，大多数种类的蝗虫，过完冬季，进入春季，卵囊才能够孵化。这些卵囊基本上是埋在地下不太深的地方，那里的土是粉状而活动的。土质如果一直没有变化，就不会给幼虫爬出地面造成太多阻碍。但是，如果冬天下雨，会导致泥土板结，成了一块非常硬的天花板。孵化过程都是在两寸深的地底下的泥土中完成的。

细嫩的幼虫宝宝如何能够钻开这干硬的天花板，从地下爬上地面呢？这一切，均依靠于母亲未必知道的技巧。

蝗虫孵化出来的时候，它的头上方并非粗糙的沙粒和坚硬的泥土，而是一个上下笔直的管道。这个管道有着非常牢靠的砌壁，幼虫在其中通行时，不会遇上太多的障碍；接下来的通道则充满大量薄弱的泡沫；最后一段才是上升通道，这里离地面已经不远。到了上升通道，这个细嫩的新生儿必须穿过一指厚的土层。幼虫爬出地面的大部分过程，由于有卵囊延伸部分的护佑，基本没有费什么气力。

鉴于需要观察幼虫从地下出土的过程，我选择玻璃管进行该项实验。假如我拿掉能够帮助幼虫从地下“解放”卵囊的延伸部分，都会因为无法钻过那层土而被累死掉。假若我不破坏窝的原生状态，也保留上升通道，它们就完全可能爬到地面上来。虽然，这一点应该归功于器官的机械运作，而昆虫的智力在这个过程中根本没有起作用，但是，我们不得不先承认，蝗虫设计的建筑物，确实非常巧妙。

在上升通道里，小蝗虫来到距离地面不远的地方之后，又是如何自我"解放"的呢？毕竟，它还必须面对那个约一指厚的土层——无论如何，对于新生儿来说，这确实是个十分艰巨的挑战。

利用春季的大好时机，我把卵囊放进透明的玻璃管里加以饲养。一旦我们保有必要的耐心，就一定会得到满意的答案。在这个方面，蓝翅蝗虫是那个满足我的好奇心的最佳对象。

刚进入六月末，我终于观察到了正在进行的"解放"历程。刚刚从壳里出来时的幼虫是淡白色的，带点浅红色的云翳。它孵化出来时，就好像一个木乃伊。为了不妨碍它蠕动前行，它就如同蚱蜢类昆虫那样，外面包裹着一个临时性的盔甲，把触须、触角和腿服帖地压在胸部和肚子上。它深深弯曲着头部，前腿和强悍的后腿并排放在一块儿。前腿弯折，还没有成型，非常短，乍一看还以为都是上半身。前行过程中，它的爪子会放开一点，后腿像条直线般笔直地伸出来，作为挖掘时的支撑点。

蓝翅蝗虫和蚱蜢类昆虫一样，挖掘工具在颈部。在那里，有一个机器活塞般的泡囊，反复有规则地鼓胀、收缩、颤动，对障碍物撞击。颈部那个非常细嫩的小泡囊，居然和燧石一般坚硬的土块进行角斗。眼睁睁看着这细嫩的黏液球，拼尽吃奶的力气对抗粗糙的矿石，不禁让我生出怜惜之情。我干脆伸出援助之手，帮帮这个不幸的小家伙

——把它必须穿越的土层，稍微打湿了一些。

尽管我施以援手，它的工作难度还是没有降低。这个性格顽强、不知劳苦的“掘土工”在一小时的时间里，仅仅掘进了一毫米。

这个苦命的小虫儿，面对的是如此艰苦的工作啊！它只有坚忍不拔地用颈子反复撞击，用腰部来回扭摆，才能从很薄的土层中打开一条生命通道。何况，刚才我还用一滴救命的水润湿了这土层。

小虫儿的这般努力，效果却差强人意。这个过程充分证明，从黑暗的地下来到和煦的阳光下，幸亏有母亲遗留下来的上升通道，否则大部分幼虫都要被累死在途中。

在其后几天里，这幼虫仍然坚持着用它颈部的挖掘器艰难地干着苦工。最后，坚持终于取得应有的回报——它爬出来了！必须休息好一会儿，才能恢复精神！然后，在依然搏动着的泡囊推动下，它那件用以减少阻碍的暂时性的外套裂开来。它用后腿将破烂的外衣褪到身后去。最后，后腿才蜕皮。蜕掉了累赘的皮，小家伙才算得到自由。它业已具有成虫最终的形状，虽然颜色还很淡。

一直像直线一样伸直的后腿，现在立马就摆成通常的姿势。由于小腿弯曲于粗壮的大腿下，因此，这“弹簧”业已做好弹跳的准备工作。

现在，弹簧开始发力！蝗虫——严格说是小蝗虫——以跳高的姿势弹进了这个炫目的大千世界——这是它生命中第一次跳跃起来！我把一片指甲大的莴苣奖励给它，它居然没去吃。它需要先晒晒太阳，让自己生长得更成熟一些，然后才能进食呢。

蝗虫的最后蜕皮

就在刚才那会儿，我目睹了让自己心动的场景——经过最后的蜕皮，一只蝗虫的成虫终于取得成功，从保护幼虫的紧身外套中挣脱出来。

虽然胖嘟嘟的幼虫非常不入眼，但它已经有了成虫的大致模样，躯体一般是嫩绿色，偶尔也有淡黄色、红棕色的，甚至还有的就是成虫外衣该有的灰白色。幼虫流线型的前胸非常显眼，它长有圆齿和小白点，有很多疣子，粗壮的后腿如同成年蝗虫一般，红色点缀在大肥腿上，修长的小腿长有双面锯齿。

用不了几天工夫，它那鞘翅就可以长得很大，长度超过肚子。不过，眼下还是不起眼的两片三角形翼端。幼虫的鞘翅的上部翼尖紧贴在流线型前胸上，下部边缘向上翘起，如同挡雨槽的尖。鞘翅勉为其难地盖在赤裸着的后背尾部，和西服的垂尾非常接近。不过，如同一个蹩脚的裁缝，为了省布料而把垂尾剪短，以致其异常难看。在鞘翅的遮盖下，露出两条细长的带状物——翅膀的胚芽，长度短于鞘翅。

总而言之，用不多长时间，翅翼会变得外观靓丽、苗条轻盈——不过，现在只能算是两块省得不能再省的布料，拼成破衣烂衫。从这件破烂玩意儿里,冒出来什么东西？是它俊美和宽阔的翅膀。

现在,我们一同观察它如何蜕皮。幼虫觉得自己已经成熟了,可以蜕皮了,就用后腿爪和关节部分抓住网纱,前腿弯曲在胸前交叉起来，没有当作昆虫翻身背朝下时的支柱。鞘翅的鞘——三角形翼端的尖顶打开,在两侧张开。间隔处的中间已经暴露出来,那两条细长的带子就在这里竖直立起来，并且稍微分开了一些。蜕皮的预备姿势如此这般地摆好。当然,还必须保持必要的稳定。

首先,就是必须让那件破旧的外套裂开。翼端的后半部、前胸尖端的下半部,因不停歇的胀缩,产生了强大的推力。颈部的前端也发生同样的胀缩。或许在即将裂开的外壳遮蔽之下，全身各处都有这种胀缩。关节处灵敏的薄膜,在这些暴露在外的地方,可以让人看明白这一点。不过,中间的部分被前胸的护甲遮住,就看不出来了。

蝗虫体内的血一涌一退地在中央部位流动。血涌动起来时，如同液压打桩机猛击地面一般。这种推动血液的力量，来自集中全部能量的机体激发出来的喷射，导致蝗虫外壳顺着阻力最小的一条线裂开。这条线完全是生命精准的预见性设计。裂缝的位置在前胸流线体上，看上去非常像两个对称部分的焊接线裂开。这件外套的其他地方都不可能出现这种裂缝，只能在最薄弱的中间开裂。裂纹不断往后面延伸,在向下裂开到翅膀的连接处,就开始往头部开裂,一直到触须的底部,最后向左右微微有些开叉。

柔软的背部,在这个缺口处暴露了出来,没有一丝血色,略带点灰白色。背部非常缓慢地膨胀起来,越鼓越大,直到全部从外壳中露出来。

接下来,脑袋从外壳里挣脱出来。被嫌弃的外壳扔在原地,没有其他的损伤。它那近乎透明的大眼睛,其实压根看不见任何东西,看上去非常奇怪。触须的套子很平整,还处于原始的位置上没有改变,垂挂在变成半透明的毫无生气的脸上。

由此可知,触须在挣脱这件又窄又紧的外套时,没有遇到太多的阻碍。因此外套没有发生翻转,没有出现变形,甚至没有一点褶皱。

我们必须知道,触须的体积和外壳一般大小,和外壳一样有很多的节状瘤。但是,它居然在没有弄坏外壳的情况下,非常轻松地从外壳中溜出来了,仿佛是一个笔直、光滑的物件,从一件宽大的外套中滑脱出来。这种非同寻常的机制,更为突出地体现在后腿的蜕皮时。

现在,是前腿和关节部分蜕掉臂铠和护手甲的时候了。和触须一样,没有一丝一毫的撕裂,没有把外壳弄得皱巴巴的,没有改变原来的位置。这个时候,蝗虫仅仅是依靠修长的后腿上的爪子固定在网罩上。它直挺挺地悬挂着,大头冲下。我去碰一下网纱罩子,它就如同钟摆一般来回摆动。它的悬挂支点仅仅是那四个小弯钩。一旦后爪松开,一旦弯钩脱钩,这个昆虫小命难保。除非在空中,否则它无法展开巨大的翅膀。不过,这些后爪肯定会坚持住。在它们从外壳挣脱出来之前,出于生命的本能,它们会一直僵持着,保持紧抓不放的状态,坚定地完成从外壳中将整体都拔出来的动作。

终于,鞘翅和翅膀挣脱出来了。这四块小碎片上隐隐约约有些条纹。条纹有些像撕裂的纸绳,不及最终长度的四分之一。

现在,它们异常虚弱,以至于无法承受自身的重量,头朝下耷拉在身子旁边。翅的末端没有任何依靠,本来应该朝着后面的,现在却朝着倒挂的头部。不毛之地,四片小叶子耷拉着,承受暴风雨的抽打。

这未来的飞行器官，此刻却是这么一副无精打采的模样。

工作还须进一步深入，需要做到所要求的尽可能的完美。而这种尽可能完美的工作，在机体内部已经在努力进行，黏液能够凝固，让难以成形的结构能够定型！不过，这个观察简直如同是在神秘实验室进行的，外界难窥一斑。你从外面观察，恰恰会以为那一切都没有生命的活力。

接下来，挣脱束缚的是后腿。粗壮的大腿暴露出来了！淡红色的大腿内侧，不久就变成了鲜艳的胭脂红色。这般粗的大腿其实很容易挣脱出来，只需要把收缩起来的骨头使劲一挣，就能够打开通路。

可是，相比之下，小腿蜕皮就没有那么容易了。一旦蝗虫发育完全，整个小腿上全都竖立着两排小刺。刚硬的小刺异常锋利。更何况，在小腿下部的末端，还有四个强悍的弯钩，与一把真正的锯不相上下。两排锯齿平行，非常给力。如果不是因为小一些，它完全能够与采石工人的大锯相媲美。蝗虫的每一个小刺都被包在同样的刺壳里，每个锯齿都和另一个对应的锯齿相啮合，非常精确。就算是用毛笔刷一层清漆来代替要蜕掉的外壳，也不可能让它吻合得那么紧密。

在挣脱出来时，胫骨上的这把锋利锯子并没有弄破紧紧包裹的长外壳。如果不是经过反复多次仔细观察，我完全不敢确认这一点。这真是难以置信！被抛弃的小腿护甲没有任何一点损坏。外壳居然完全没有被末端的弯钩和双排锯齿钩坏。要知道，那外壳是那么薄，看上去，似乎我用一口气就能够把它吹破。而尖利的锯齿，在里面滑动和挣扎，却根本没有留下一点抓痕。

事前，我压根没有预想到会有如此发现！每每看到荆棘利齿，我都想象着小腿上外壳会和死掉的表皮脱落一样成块地自行掉落，或者是被擦落下来。但是，观察到的事实完全出乎预料，让我完全没有心理准备！

马刺和棘刺没有花费多大气力，没有遇到任何麻烦，很快就从薄膜的模子里挣脱出来了。这些马刺和棘刺锋利无比，使它的小腿变成能够锯断嫩树枝的锯子。

那件脱下来的破烂外衣留在原处，爪状的外皮，使它依旧钩在网罩的圆顶上。

那件被丢弃的外套上没有一丝一毫的褶皱，更没有一丝一毫的裂缝。你就是用放大镜，也找不出任何强力破坏的痕迹。这外壳在蜕皮之前是什么样子，在蜕皮之后依然保持原样。

将一把锋利的锯子，从紧裹着钢锯齿的薄膜套子里抽出来，同时还能完全不弄坏这薄膜套子——假如有人这样要求我们，我们肯定会一笑拒之！因为，这种要求太苛刻，根本做不到。可是，万能的生命，在我们看来全然不可能的事情，却被当作不是什么难事。生命的力量，在必要时完全有办法完成不可能的任务。蝗虫的爪子不就明明白白地提示这一点。

不过，这把胫骨锯子在从紧紧裹着的套子里出来时，如果还是那么坚硬，那就只能打碎套子。否则，别无他法。它必须绕过这个巨大的阻碍。要想悬挂在半空中，胫甲是唯一可用的武器，必须绝对保证毫发无损，才能够给它提供绝对牢固的支撑，保护它彻底解脱出来。

正在谋求解放的腿还无法行走——它软弱无力，没有足够的硬度，并且很容易弯曲。我如果把网罩倾斜，就能够看到已经蜕皮那部分由于重力的影响，可任我随意弯曲。不过，很快它又会恢复坚固，恢复适当的硬度只需几分钟。

依然被外套裹住的部分小腿，非常柔软，处于最佳弹性状态，甚至可以说是呈流体状态。因此，它可以像能够流动的液体一般，通过困难重重的通道。

这个时候，小腿上已经长出了锯齿，不过还没有以后那样尖利。可以用小刀的刀尖，挑开一只小腿的部分外壳，帮助它从紧裹着的模子中拔出小刺。这些小刺属于锯齿的胚芽，现在还是柔软的肉芽，稍微一用力它就会弯曲，松开手就能够恢复原样。

在出壳时，小刺全都往后倒卧着。随着小腿蜕皮，这些小刺直立起来，并且变硬。我所观察到的，不再单纯是蜕去护腿铠甲。

螯虾在蜕皮时，会用大钳子从石头般坚硬的旧外套中，帮助两个指头柔软的肉挣脱出来。蝗虫大致也是如此，不同的是，细腻度和精确度要差很多。

终于，小腿获得了“解放”！它们软弱无力地折叠起来，收进大腿的股沟里——在那里一动不动，等待成熟。肚子也开始蜕皮。可以看到，精细的外套开始出现皱纹。

它不断地往上脱衣，一直褪到顶端。眼下，就剩下顶端这处卡在外壳内，彻底挣脱还需要点时间。除去这一处之外，可以说蝗虫全身都已经露出来了。

它大头垂直朝下，依靠空了的小腿护甲上的钩爪，钩在网罩上。在这般细致而又非常漫长的过程中，那四只忠于职守的弯钩一直没有松开。毕竟，蜕皮需要非同寻常的缜密和谨慎。蝗虫纹丝不动，靠它那件破衣烂衫固定在网纱上。

肚子气球般膨胀得非常大——那里面储存的液汁可以进行组织工作。很明显，就是这些液汁令肚子胀大起来。不要多久，翅膀和鞘翅就必须用到这些液汁。蝗虫休息了近二十分钟，已经消除了疲劳。

过后，只见它的脊椎猛地一用力，这个倒悬者终于直立了起来，前跗节一把抓住挂在头上的旧壳。即使是杂技演员，在用脚勾着倒挂在高空秋千上，为了能够直立起来的时候，腰都是不可能这么使劲的。

翻过这个最难的筋斗，剩下的对它压根不算事儿了。依靠它刚才抓住的那个支撑物，蝗虫往上稍微爬一点就能够遇到网纱——现在，这网纱的作用和野外蜕变时使用的灌木丛一样。它非常聪明地四只前爪一起抓住网纱。这时，肚子的末端得到彻底的解放。它用力进行最后一次华丽的挣脱。旧壳终于剥离，掉到地上去了。

对它的旧壳掉落过程，我非常有兴趣——这使我联想到，在冬日凛冽的寒风里，顽强的蝉衣就是不从支撑它的小树枝上掉下去。在蜕变方式上，蝗虫和蝉没有太大差别。但是，蝗虫为何悬挂这么不牢固呢？

蜕壳抽身的动作只要不结束，那弯钩就一直钩住在那上面。但是，这么剧烈的抽身动作，看起来会导致所有的东西产生摇晃。即使是蜕皮拔身的动作结束，随便动一下，它也会掉下去。可见这个平衡其实非常不稳定。这一切又一次证明，昆虫从它的外套挣脱出来，必须得小心翼翼地做到不差毫厘！

还是回到鞘翅和翅膀的话题上来吧。在蜕皮之后，鞘翅和翅膀并没有出现明显的进步，它们依旧是残缺不齐，好像一个小绳子头，带有细细的竖条纹。展开它们要在最后，在幼虫完全蜕皮、恢复正常姿势之后。

前面我们已经观察到，蝗虫屈身大翻转，头部业已朝上。恰恰就是这个重新直立起身的行动，使鞘翅和翅膀能够恢复到常态。它们本来是很柔软地悬着，因重量的缘故而弯曲起来，自由的一端冲着颠倒向下的头部。现在，同样是出于重量的作用，它们改变了姿势，处于正常的状态。弯弯的花瓣消失了，颠倒的方向不再倒置。不过，这一切，完全没有改变不起眼的外表。

已经全部舒展开的翅膀呈一个扇形，横穿翅膀的轮辐状的粗壮翅脉，是打开和收起翅膀的构架。在翅脉之间，有无数支架横向排列，而且一层层叠压，将整个翅膀构成带方形网眼的网络。鞘翅很粗糙，与翅膀相比小很多，也具备方形网眼状结构。

用了大约三个多钟头的时间，鞘翅和翅膀才彻底展开，大羽翼状直立在蝗虫的后背上。和蝉翼刚开始张开一样，或是无色的，或是嫩绿色的。

直立起来如同四块平板的翅膀逐渐地变坚硬起来，也开始出现颜色。到第二日，这颜色就达到满意的程度。翅膀首次折合起来，平整地收起来；鞘翅的外部边缘则弯成一道钩，紧贴在身体的侧面。现在，大功告成——蜕变过程彻底完工！大灰白蝗虫余下应该做的事，就只有一个选项：在愉悦的日光下不断壮实起来，直到它的外壳被晒成灰白色。

第八章　栎棘节腹泥蜂

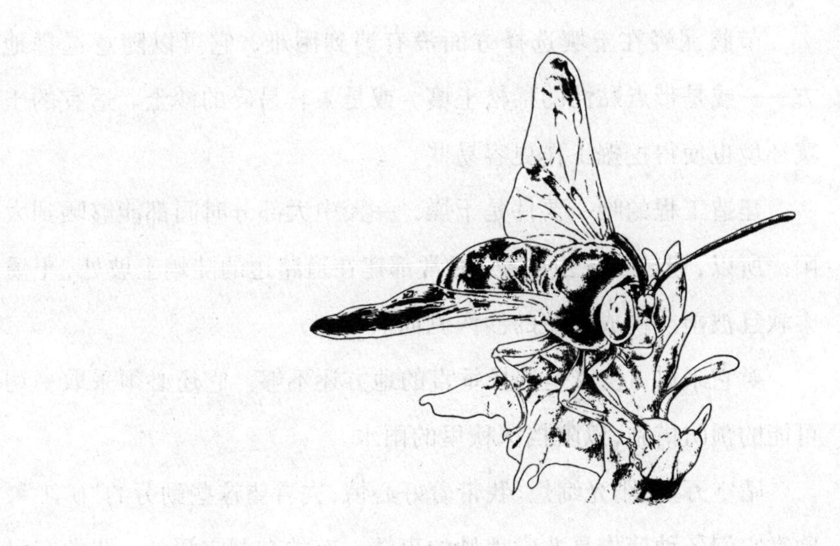

猎物保鲜的奇迹

栎棘节腹泥蜂，又称大节腹泥蜂，在节腹泥蜂大家庭中，有着最大的个头，也最健壮。九月的下半月，膜翅目掘地虫都在挖窝，并把留给幼虫的食物埋进窝里。

节腹泥蜂在土壤选择方面没有遇到困难，它可以随意选择地方——或是带点黏性的稀松土壤，或是柔软易碎的沙土。适宜的土壤环境也使得挖掘工作更容易些。

建造工程的唯一要件是干燥，一天中大部分时间都能够晒到太阳。所以，膜翅目昆虫的家，通常都建在道路边的陡峭土坡处、土质柔软且被雨冲刷成沟壑的沙沟侧面。

对它来讲，仅仅是选择垂直的地方还不够。它还必须采取一切可能的预防措施，以阻挡深秋里的雨水。

晴空万里，阳光绚烂。我带着好心情，去看望这些勤劳的"矿工"，欣赏它们各种劳作是非常美妙的事情。有的在洞穴深处，非常有耐心地用自己的大颚把砾石拔出来，然后不厌其烦地把这些石子推到洞外去；有的用自己跗骨上尖利的耙，反复在走廊的两壁上刮削着，然后倒退着把刮下来的泥屑扫到洞外，任由那些碎土如同涓涓细流一般，从陡坡上流淌下去。正是这些从正在建造的巷道里排出的细流，曝光了节腹泥蜂的行踪，以至于我轻而易举地发现了它们的巢穴。

有一些节腹泥蜂，或者因劳作累了，或者已经完成艰苦的任务，在保护住所的天然雨檐下休息。它们或擦拭触角和翅膀，或一步不挪地趴在洞口，露出黄黑相间的方面孔。还有一些嗡嗡低声叫着，在胭脂虫栎树附近的灌木丛上飞翔。

一直在建造工地附近探头探脑的雄蜂，很快就溜达过来。因而，一对欢喜冤家得以喜结连理。

但是，在这个喜庆之时，通常会有另一只雄蜂祈祷取代这个幸运的家伙，它粗暴地搅扰这场婚事。嗡嗡声音变得气势汹汹，它俩由吵闹发展成大打出手。两只发了情的雄蜂翻来滚去，在尘土中拳脚相接。这次争风吃醋的争斗，必须由其中一只甘拜下风才宣告结束。而它们争夺的雌蜂，却若无其事在不远处等待争斗的结果。然后，它欣然接纳的是在搏斗中幸运得胜的雄蜂。之后这对伴侣就飞得无了影踪——它们躲到远处的灌木丛中，去过安闲的小日子去了。雄蜂所扮演的角色仅限于此。它比雌蜂的个头要小一半，但是数目与雌蜂差不多。它们总是在窝的附近转悠，却从不主动加入辛勤的建造劳作，更没有加入更艰苦的为蜂房提供粮食的捕猎行列。

数日之后，巷道就大功告成了。有些前一年曾经使用过的巷道，只需要稍稍修理就能够重新加以使用。这些巷道有着相当大的直径，人类的大拇指都放得下。即使是怀抱着庞大的猎获物，昆虫在里面都能够活动自如。

被节腹泥蜂看中抚养幼虫的猎物，是身材庞大的象虫科昆虫——

小眼方喙象。

无论是我从地下挖出来的，还是从捕食者手中抢下来的象虫，永远都像毫无生命力一样，但是都保存得非常完好——色泽新鲜，膜和最小的关节依旧柔软，内脏的情况正常，在放大镜下都没有看出一丝一毫的损伤。眼前这一切，会让您怀疑这个没有生机的躯体，是否真的死了。因此，人们情难自抑地希望这昆虫能够随时起来走动。

因而，我们所观察得到的某些事实只能这样解释：昆虫由于受到伤害而无法动弹，这种被突然麻痹的反应力会慢慢消失，同时，它的植物性功能依然强大，所以这种消失过程较慢，足以保持内脏完好无损。这样一来，幼虫可以在需要时随时享用。还有一点，值得我们加以特别关注——即"凶杀"采取的方式。显然，首先是节腹泥蜂的毒针起了很大作用。可是，象虫披挂着坚硬的甲胄，甲胄的各个部分又拼合得毫无空隙。那么毒针选择何处刺进去，又是如何刺进去的？其实，每一只被毒针蜇过的昆虫身上，就算是用放大镜也查探不到一丝一毫被谋杀的蛛丝马迹。看来，我们应该需要直接进行检查，以查清楚膜翅目昆虫是如何被谋杀的。终于找到了答案，对这一点我甚是满意——当然，这必须要经过反复的艰难摸索。

我有了一个绝妙的主意，我的探索因此而看到了希望的曙光。这个主意能够接触到探索的关键问题。

是的，就采用这个方法，这方法肯定能够成功。在节腹泥蜂急吼吼地捕猎时，给它提供一些它压根瞧不中的猎物。这个时候的它，由于心心念念只顾着找食物，因此不能顾及食物的缺点。

我已经介绍过：狩猎归来，节腹泥蜂在洞口旁边的斜坡处降落下来，非常辛苦地将猎获的食物拖拽进洞里。这时，我用镊子夹住猎物的一条腿，将它从节腹泥蜂的怀抱中拉出来，紧接着迅速扔过去一只活象虫。

啊，我的方法，取得了成功！

节腹泥蜂发觉猎物从肚子底下滑走失踪时，急躁暴怒地用脚爪恶狠狠地跺着地。待它茫然无措地转身时，一下子发现那只取代猎物的象虫，立刻急如风火扑上去，用腿急切地困住象虫，将其掠走。可是，它很快就发觉，这个被捕获的象虫还活着。于是，一场我一直期待的大戏开幕了——不过，这场大戏结束得太快了，快到无法想象的地步。

此刻，膜翅目昆虫和它的猎取物正面交锋。它那强壮有力的大颚一把就抓住了象虫的吻管，并且非常用力地夹紧。因为难受，象虫不得不挺直身体时，节腹泥蜂的前爪使足气力去压它的后背。这暴力行为，导致象虫不由得一点点张开腹部关节。

这时，我观察到，这个急于得逞的凶手，它的腹部瞬间就滑到了象虫的肚皮下面。这个凶残的杀手弓着身子，带毒的蜇针，立刻就在象虫第一对和第二对腿之间的前胸关节处，极其凶狠地蜇刺了两三次。

转瞬间，一切就大功告成。这个倒霉蛋根本来不及抽搐，更来不及踢腾四肢——这些本能的行为，本来属于动物临死前自然的反应。就像被滚滚天雷瞬间轰毙一般，象虫再也不能动弹了。如此之迅速，真让人心惊胆战，令人惊叹不已。

接下来，凶狠的掠食者开始翻转尸体，让尸体背朝下，将自己的肚子和尸体的肚子贴在一起，用腿从左右两边牢牢夹住尸体，毫不羞耻地飞走了。

可想而知，为了得到实验的结果，每次我都会还给节腹泥蜂自己的猎获物，同时取回我的方喙象，为的是能够有条不紊地对其进行检查。

通过必需的检查，以验证我对凶手令人生畏的能力，所做的高度评价正确与否。在毒针刺进去的地方，压根就看不出任何一点微小的伤痕，更看不到任何一点流出来的血迹。不过，最令人啧啧称奇的是，它能够令猎物如此快速地、彻底地不能动弹。

高超手法的谋杀一旦结束，我眼前这三只如同动过手术一般的象虫，无论是用镊子夹，还是戳，完全看不到一丝存活的迹象。

这些粗大健壮的象虫，被一根闪着寒光的大头针刺穿身体，然后万劫不复地，被钉在昆虫标本收集者的软木板上，仍然可以挣扎几天，甚至是几周——哎呀呀，瞧我说了些什么——完全可能会挣扎整整几个月的时间！可是，现在被轻轻蜇了这么一下，被注射进肉眼都难以看见的那么一小滴毒液时，它立刻就失去了生命的活力。

在人类的化学范畴里，都难以找到剂量如此少、毒性却如此猛烈的毒药。氰化氢勉强算作能产生如此效力的毒药——除非节腹泥蜂也能生产氰化氢。因此，要想搞明白象虫能够快速死亡的原因，我们还需要从生理学和解剖学，而不是从毒理学方面入手。

为了弄清楚这些咄咄怪事，首先应当考虑的既不是毒汁的高效力，也并非被伤害的器官之大小。那么，在蜇针的蜇入点到底发生了什么呢？

高明的杀手

膜翅目昆虫已经主动向我们曝光了蜇针的蜇入点，已然揭示出其中部分秘密。但问题因此就得到解决了吗？并没有，还差得十万八千里哩！让我们再回过头去，暂时把昆虫告诉我们的小秘密放下，先考虑节腹泥蜂的问题吧——在一个地下蜂房里，如何能够储存足量的食物，以满足孵出来的幼虫的需求。

乍看上去，关于食物供应方面的问题似乎并不是很难解决。但是，仔细盘算一番，马上就能够知道问题非常大。比如，我们人类用枪捕杀猎物，被杀死的猎物遍体是伤。膜翅目昆虫对猎物有着人类没有的挑剔：要求猎物必须没有一点损伤；形状和颜色要依旧优美；薄膜不能破碎；没有裂开的伤口；死相不可狰狞丑陋。它的猎物必须完美地保持和活昆虫一样的新鲜，甚至位于蝶翅上的精致的彩色鳞片不能少。如果，我们的手指无意中轻微碰一下这翅膀，那上面的彩色鳞片就会如雨点般脱落。

试想一下，就算是昆虫已经成了一具真正的尸体，要做到这个程度都是非常困难的！粗鲁地用脚踩死一只昆虫，是任何人都可以做到的事情。但是，要干净利落地杀死昆虫，却又不能有一丝难看的死相，这并非随便什么人都能轻易地做到。任何一只有着顽强生命力的小动物，就算是头已经被砍掉，仍然会扑腾好长时间。一方面不允许我们把它踩烂，一方面还要求我们在一瞬间杀死它，无论是谁，肯定会苦笑着拒绝！不错，昆虫学家会想到麻醉的方法。可是，如果采用苯或二氧化硫蒸气这些原始的手段，难有成功的把握。

在充满毒气的环境里，昆虫会挣扎很长时间，导致那些美丽的装饰物暗淡无光，甚至脱落。因此，需要更迅速的手段。比如，让浸过氰化钾的纸带缓缓地释放骇人的氢氰酸；或者，更好的方法是借助可怕硫化碳的蒸气——这种化合物不会对捕猎昆虫的人产生危害。

由此可知，人类杀死一只昆虫，为了取得节腹泥蜂一样快捷方便的效果，就算是那猎物已经真正成为尸体，也需要一整套化学武库的疯狂手段才可以办得到！

尸体！这压根就不能成为幼虫的日常饭食。这些吃鲜肉的小玩意，只要食物有一点儿臭味，它就会恶心到无法容忍。幼虫的食物，不允许有一丝变味，而腐烂的第一个迹象就是变味。可是，蜂房里无法贮藏活着的猎获物——这一点，和我们给船上的船员和旅客提供新鲜食物一样，不可能把牲畜也一同放进船舱里。

把娇小细嫩的虫卵，放进活蹦乱跳的食物中间去，可以想得到会有什么样的后果！这些身体还很虚弱的幼虫——轻微碰一下都有可能导致死亡，放进那些连续几周都不停地挥动装着铁刺的长腿的鞘翅目昆虫中间，会得到什么样的结果！

膜翅目幼虫需要的是新鲜内脏——这内脏必须是活的，但是还必须像死尸一般能够纹丝不动。这两者间的矛盾明显是难以协调的！

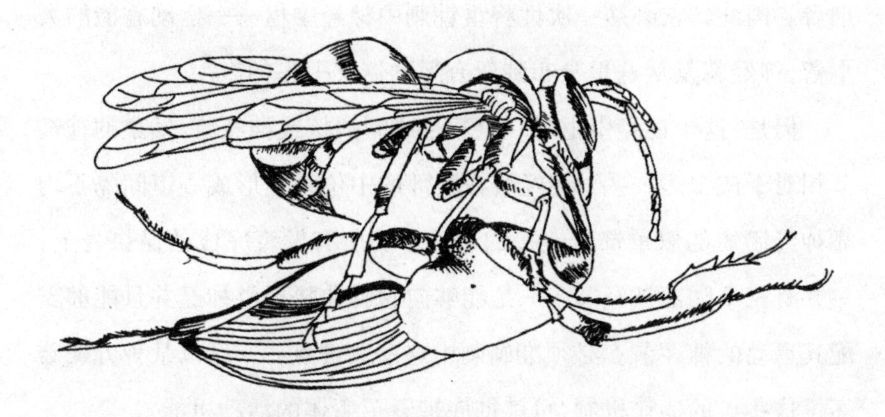

面对这样棘手的食物保鲜问题，即使人类已经拥有了非常广泛的知识，却也只能干瞪眼。哪怕是实验昆虫学家们也不得不甘拜下风。但是，节腹泥蜂的食品柜里的食物，却表明这一切全然不算问题。

对膜翅目昆虫来说，是没有余地可以选择的。它的掠获物，是只鞘翅目昆虫，全身上下包裹着一只坚固的甲胄。它的手术刀仅仅是蜇针，这个看起来不得了的利器，其实很纤细且非常脆弱，根本无法对付硬邦邦的角质甲胄。因此，这个脆弱的武器只能勉强扎进很少的几个部位，那就是薄膜保护着的关节处——仅有一层无法应对任何冲击力的薄膜。

此外，蜇针虽然可以刺进肢体的关节，但是，完全起不到所期望的作用。因为蜇到这些部位，最好的效果也只是产生局部麻醉，而非对整个运动器官活动产生阻碍的全身麻醉。如果做得到的话，膜翅目昆虫需要的只是蜇一针就让对方丧失活动能力，这样一来，就能够免去长时间的争斗。因为，一旦被争斗缠住，也会给它自身带来致命的危机。可是，也不能连续蜇好几下。因为，多次蜇刺会彻底杀死受刑者。因此，它必须一次性将螫针刺中神经中枢——运动官能的大本营，神经就是从这里分布到所有运动器官上去的。

但是，这个神经中枢有一定数量成型的核或神经节，幼虫的神经节相对于成虫多一些。神经节在腹部的中位线上形成一道间隔不均靠神经髓质的双重饰带连接的念珠串。所有发育完成的昆虫身上，一共有三个胸部神经节——是能够向翅膀和腿提供神经并且能够支配其运动的神经节。必须准确刺中这些关键点，一旦以某种方式破坏了这些点的运作机制，也就彻底摧毁了躯体的活动机能。

膜翅目昆虫用软弱的螫针能够螫入的地方只有两处：一处位于颈部与前胸之间的关节；另一处则位于前胸和胸部其余部分之间的关节，即第一对腿和第二对腿之间的关节。颈部的关节不是合适的攻击目标，因为它远离接近腿根能够刺激腿部运动的神经节。

因此，要进攻的目标是另一处，也仅仅是那一处！膜翅目昆虫螫的针刺点就在那里——腹部中线上第一对腿和第二对腿的中间。

真是聪明绝顶！可是，昆虫是受到了什么高明智慧给予的启示吗？在多处目标中，选出最脆弱的部位，准确地把螫针刺入。只有非常熟悉昆虫结构解剖学的生理学家，才能事先精准确定。但是，仅仅做到这一点，其实还远远不够。膜翅目昆虫还要克服一个更大的困难。而它竟然真的克服了，其杰出的本事会令你目瞪口呆。

我们前面讲到，完成发育的昆虫，有三处支配运动器官的神经中心，相互之间是分隔开的。个别情况，这三个中心会连在一块。不过，这种情况实属罕见。这些神经中心有各自的运行独立性。因此，其中某个中心一旦受损，只能够导致与它对应的肢体产生瘫痪，却根本不可能影响其他的神经节，以及这些神经节所支配的肢体。

用蜇针一个接一个地刺入这三个逐渐收缩的运动中枢，并且只通过一点，即第一对腿和第二对腿之间的关节，显然是不可能的。蜇针毕竟不够长，何况在如此情况下很难把针扎进去。确实，某些鞘翅目昆虫胸部的三个神经节彼此之间靠得很近。还有些鞘翅目昆虫最后两个神经节已经完全粘连融合成一个整体。

我们观察到，这些神经节集中在一起，能够更大地激发运动的能力。唉！因此也就导致更容易遭到攻击。因为它们恰恰是节腹泥蜂所需要的食物。这些鞘翅目昆虫的运动神经中枢，如此接近，以至于连在一起，甚至可能变成一团，彼此之间无法分开。因此，一旦被蜇针扎上一针，它立马就瘫痪。抑或，就算是需要多刺几下，必须是被扎中的神经节全集中在一起，聚集在蜇针的针尖下面。

和其他鞘翅目昆虫相比较，它们支配腿和翅膀运动的中枢神经全都集中在同一个地方，恰好这个地方被刺中是件非常容易的事儿。因此，膜翅目昆虫能够十拿九稳地刺中目标。

象虫胸部的三个神经节距离非常近，后两个几乎就是在一起。在同一部位，吉丁的第二和第三个神经节完全成为一体，而且距离第一个神经节并不远。有八种节腹泥蜂只捕猎吉丁和象虫，却绝对不会捕捉其他昆虫。节腹泥蜂以鞘翅目昆虫为食物，这业已得到证实！所以，内部结构的某种高度相似——也就是其神经器官过于集中，是各种节腹泥蜂的寓所内，堆满大量外表上根本不相似的牺牲品的原因。

第九章　黄翅飞蝗泥蜂

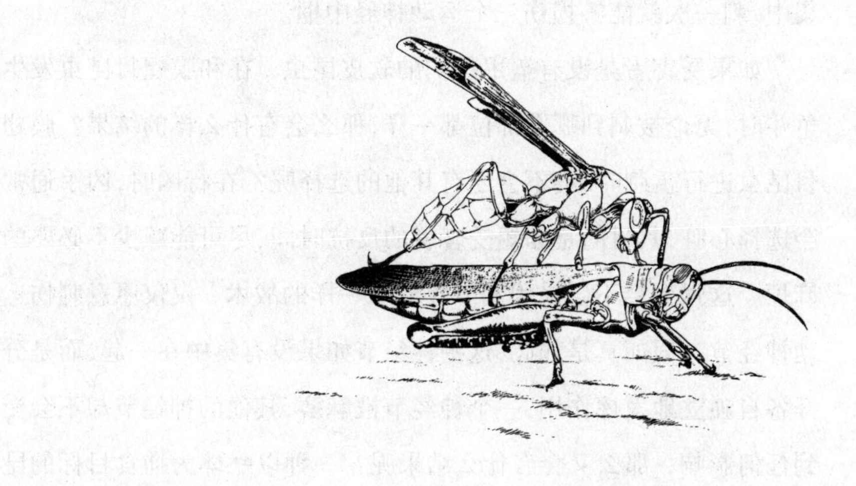

筑　巢

鞘翅目昆虫的铠甲异常坚硬，被侵入的只有一处。非常清楚盔甲间连接处的杀手能够轻松地把毒针刺进这个最理想之处。通常它行刺的对象，都是象虫和吉丁这类昆虫。这类昆虫的神经器官异常集中,刺一次就能够损伤三个运动神经中枢。

如果受害者是没有盔甲保护的软皮昆虫，在和膜翅目昆虫发生争斗时,无论被刺到哪个部位都一样,那么会有什么样的结果？膜翅目昆虫进行蜇刺时,会不会还有其他的选择呢？在行凶时,凶手通常会选择心脏,其目的是缩短受害者的反抗时间,尽可能减少不必要的麻烦。这强盗会不会采用和节腹泥蜂一样的战术，仅仅愿意刺伤运动神经节？假如真是如此,这些神经节如果没有集中在一起,而是分开各自独立地发挥作用,一个神经节被麻痹,其他的神经节却不会受到任何影响，那么又会有什么结果呢？一种以蟋蟀为捕食目标的昆虫——黄翅飞蝗泥蜂的经历,将可以回答这些问题。

快到七月末的时候,黄翅飞蝗泥蜂还在一门心思地守护它的茧,直到幼虫从地下的摇篮飞出去。在整个的八月间,火辣辣的骄阳下,挺拔的罗兰蓟——一种非常普通却非常健壮的植物——带刺茎的枝条上，黄翅飞蝗泥蜂飞来飞去在寻找蜜汁。不过，这种没有任何忧愁的生活很短暂。到了九月份光景，黄翅飞蝗泥蜂必须开始艰苦的工作：从事挖掘和狩猎。它们一般是选择在道路两侧坡上一个不大的地方安家。很自然，那地方必须具备两个不可或缺的要件：容易挖掘的沙土和充沛的太阳光。除去这些，它根本没有任何预防措施，以抵御秋季泛滥的雨水和冬季寒冷的白霜。对它来说，最佳选择就是寻找一块没有任何遮挡、任由风吹雨打的平展场地。但是，这个地方必须是朝阳的。否则，当它正在兴高采烈地推进掘地工程时，如果突然间一场暴风雨降临，它就会陷入惨境。到第二天，尚在施工中的地道还会发生沙土塌方，工地一片狼藉，无法清理，最后只能放弃。

黄翅飞蝗泥蜂从来不会单打独斗地开凿巢穴。它们往往是十只、二十只为一群，甚至更多，一起合作发掘选好的地方。必须连续仔细观察一个这样的部落，你才有可能对勤劳的矿工们忙乱的活动、敏捷的跳跃、急速的动作了解个大概。

这些掘进劳工用前腿——也就是林内[1]所谓的“利刃”般的耙子——神经质般地快速挖土。一只小狗都不可能有这么高的热情耙土玩的。

同时，每个劳作的工人都哼唱着快活的小曲，那声音尖厉刺耳，忽停忽起，随着双翅和胸腔的振动而不断变化。这真像一群以劳动为乐的伙伴团结一心，一边劳动一边以有节奏的韵律互相激励着！

建造工地上沙飞土扬，在它们微微颤动的翅膀上都落下细细的

---

① 林内（1707—1778）：瑞典博物学家。

尘土。它们一点点艰难地将耙出来的大块沙砾，推到远离工地的地方。耙沙砾非常吃力，黄翅飞蝗泥蜂会猛然发力，并爆出发出一声高亢的声响——此情此景，让人很容易联想到伐木工人砍倒树木时喊出的“嗨哟”的吼声。这些非常努力的“工人”几乎是长腿和大颚并用。它们干劲倍增。很快，小洞穴就成型了，飞蝗泥蜂可以把身体整个都塞进去。

此时，向前继续挖和往后排碎屑两组动作更加快速交替进行。来回运动越发急迫，飞蝗泥蜂简直就不是在走路，它如同高能弹簧弹射出去似的往前猛冲。它不断地跳跃，腹部来回抽动，抖动着触角，全身上下不停地发出响动。

目前，我们已经看不到矿工忙碌的身影了，在地面上的我们，依然能够听到它们在地下不辞辛苦地唱歌，偶尔可以瞥见它强壮的后腿将一堆沙土往后扒拉到洞口。

飞蝗泥蜂时常会暂时停止地下掘进工作，或是在阳光下去掸掉身上的沙土——沙尘落到它那细致的关节上，令它不能自如活动；或是巡视一番工地周围。不过，工作中断的过程很短暂。所以，即使这样干干停停，几小时内地道还是能够大功告成。

一旦完工，飞蝗泥蜂立刻会到洞口高奏凯歌，然后开始对整个地道做最后的修饰，把高低不平之处刮平整，搬走几粒只有它们才能看得出碍事的土粒。

在我所观察过的黄翅飞蝗泥蜂群中，有一个给我留下了异常深的记忆。一条大路旁边有些小土堆，都是养路工人用铲子挖小沟时堆土形成的。其中有一个锥形土堆达半米高，已经被太阳晒透了。飞蝗泥蜂非常中意这里，于是就在这儿建起来一个小村落——一个我从来没有见过的“居民”如此众多的村落。洞穴从堆底到堆顶满目皆是，导致这个圆锥状的干土堆，外观就像块大海绵。整个“大海绵”上呈现一片干劲十足的繁忙景色，那些“居民”们马不停蹄地来回奔忙，让人不禁联想起某个正在紧急赶工期的大工地。

飞蝗泥蜂用触角把蟋蟀运到这个锥形市镇的斜坡上，最后放进蜂巢的食品储存间里贮藏起来。顺着挖掘出来的巷道，沙土不断地流出来。灰土满身的矿工时不时在走廊口现身，它们反复不断地进进出出。偶尔，你可以看见一只黄翅飞蝗泥蜂忙中偷闲溜上了堆顶，似乎有意从高处欣赏下自己参与的伟大工程。这是一幅多吸引人的景象啊！我忍不住有了一个念头：把整个“村镇”和“居民”一起搬回去！

但是，这仅仅是一个白日梦而已。那般高大的土堆，我如何能够将其连根拔起，搬回自个家去呢！

放下梦想，回到现实，再回来看看在平川里、在大自然的土壤中辛勤劳作的飞蝗泥蜂吧，它们的情况属于最常见的。

一旦把洞挖成功了，不会停歇的飞蝗泥蜂又开始捕猎。我们就趁着它们远行去搜捕猎物的空当，对它们的寓所仔仔细细地观察一番吧。

我们已经提到过，飞蝗泥蜂一般都群居在平整之处。但是，没有完全平坦的。有的地方鼓起来，其上还盖着一簇草皮或是蒿属植物；有的地方褶皱起伏，而且植物发达的细根须，把皱褶牢牢地固定起来。飞蝗泥蜂的巢穴通常就建在皱褶的斜坡上。进入地道口之后，会出现一个水平的门厅，大约深两三法寸，这是通往隐藏处的必经要道，同时还是食品储藏室及幼虫的卧室。

天气情况变坏时，飞蝗泥蜂就待在门厅里。在夜里，它藏身在这儿；在白天，它小憩在这儿，从洞口探出去它那表情丰富的面孔和无所畏惧的大眼睛。

过了门厅，就出现一个急转弯，坡度比较缓，往下延伸两三法寸。最后，出现了椭圆形的蜂房，有较长直径，水平线就构成它的最长轴线。没有在蜂房的墙壁上涂上特殊的黏结物。四壁虽然萧索无物，但是可以看出是经过异常精心的构筑。蜂房里的沙土均被结结实实碾压过，地板、天花板、墙壁均经过细致地平整，能够避免坍塌，还可以避免因表面粗糙而伤害幼虫的嫩皮。这个隐蔽的蜂房，靠一个狭窄入口与过道相通——入口只够黄翅飞蝗泥蜂带着猎物通过。

在第一个蜂房里产下一个卵，并给婴儿备足食物之后，飞蝗泥蜂就封住入口。不过，它还没有打算抛弃这个窝。在第一个蜂房旁边，它又干劲十足挖第二个蜂房，在产卵及存放食物后，就又开始挖第三个，有时甚至还会挖第四个。到了这个时候，飞蝗泥蜂才会着手将堆在门口的所有泥土屑搬进洞里，然后将洞外的痕迹全都清除干净。

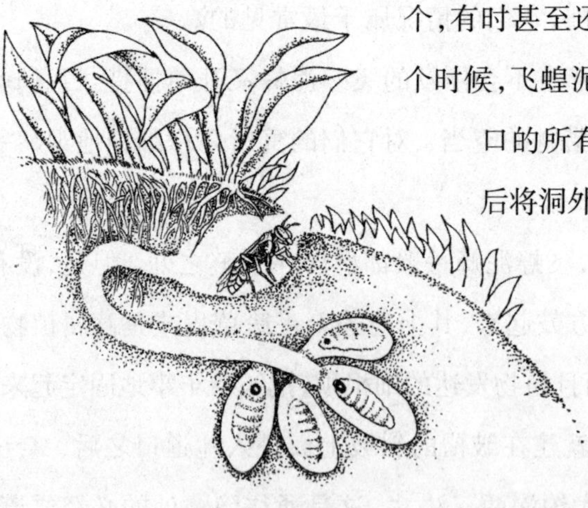

一个洞穴一般有三个蜂房。只有两个蜂房的比较少见，四个蜂房的就更少了。不过，通过对飞

蝗泥蜂的尸体解剖可以发现,飞蝗泥蜂产卵的数量通常是三十个,因此,就必须挖出十个蜂窝才够用。

另外,筑窝工程只有到了九月份才开始施工,九月底就必须完工。故而飞蝗泥蜂最多只有两三天的时间建造一个蜂窝和准备食物。在如此仓促的时间里,勤劳的工人兼猎手要建好蜂窝,就必须备足一打蟋蟀,还要把捕获的食物从远方历经各种艰险运回仓库,直到最后,还必须封好洞口。所有一切的一切,都必须分秒必争!

更何况,并非所有的日子都适合干活。遇到刮风的天气无法捕猎;遇到连绵的阴雨,所有工作都不得不停下来。因而,我们能够设身处地地理解,黄翅飞蝗泥蜂无法将隐蔽所盖得太牢靠,无法拥有栎棘节腹泥蜂的长巷道,无法令这个住所结实得让你觉得它们住个一百年都没有问题。

这住所会被栎棘节腹泥蜂一代代传承下去,而且一年会比一年挖得更深。因此,每每我打算“参观”它们的住宅,总会累得满身大汗。就算是我再怎么想方设法,把我的挖掘工具用到极致,却永远也挖不到头。

黄翅飞蝗泥蜂却完全不一样,它不会承袭前人的劳动成果,它宁愿自己重起炉灶。结果,它的隐蔽所完全像一顶急急忙忙搭好的帐篷,仿佛只准备用一天就要收起来。

幼虫只给隐蔽所盖上一层薄沙。为了弥补仓促施工造成的缺陷,它们知道必须给藏身之所,加上一些母亲无法给予的东西,也就是“穿”上三四层不会渗水的“外套”。不得不说,这一点确实远远胜过节腹泥蜂薄薄的茧。

匕 首 三 击

现在，一只飞蝗泥蜂狩猎归来了，它得意地嗡嗡鸣唱着，停留在离家只隔着一条沟的一簇灌木上。它那粗壮的大颚，叼着一只肥大的蟋蟀的触角，那蟋蟀体重比它可要重好几倍，它被这壮硕的重物弄得筋疲力尽。小憩一会儿后，它又振作精神，用发达的大腿夹住猎获物，用足力气腾空跃起，飞过寓所前的那条沟，重重地降落在我还在观察的那个飞蝗泥蜂村镇的街道上。这之后，剩下的路程步行就可以完成了。即使是我就坐在对面盯视着，这只膜翅目昆虫却没有表现出一丝一毫的胆怯。它两腿在猎物身体上方叉开，用两只大颚紧紧咬住猎物的触角，抬头挺胸，傲娇地向前走着。

要是地面光溜溜没有什么障碍，运输起来就非常得心应手。但是，倘若这条路满布草棵树木的根茎，猎物会被一条草根突然绊住，有力气却无可奈何。当时那副惊愕不已的表情煞是滑稽。为此，它试试探探向前走，犹犹豫豫往后退，来来回回用了许许多多办法，到最后，或在翅膀的帮助下，或高明地绕开，才克服了前进的障碍。这个场景真是太有趣了！

终于，蟋蟀被运抵目的地，它的触角已经可以伸到蜂巢洞口处。

此刻，飞蝗泥蜂卸下了沉重的猎获品，十万火急般钻入地道里。约莫就过了几秒钟，它又急急火火地出现了，将脑袋伸出洞外，爆发出一声欣悦的呐喊。它的大脚爪下恰好是蟋蟀的触角，它伸手一把薅住。很快，这肥美的猎物就被挪到了巢穴的深处。在猎捕蟋蟀时，黄翅飞蝗泥蜂肯定是用上了高级的手法，因此非常有必要观察它是怎样杀死猎物的。为了观察节腹泥蜂，我进行了多次尝试，收获不菲。因而，我把这些证明行之有效的方法，运用到观察黄翅飞蝗泥蜂上。

具体方法大致是一样的，就是把猎手猎获的猎物拿走，迅速以一只活的来代替。前面我们观察到黄翅飞蝗泥蜂通常在进洞穴之前，会扔下猎物独自下到洞底去。因此，乘这个当口，偷梁换柱就易如反掌。黄翅飞蝗泥蜂往往胆大包天无所忌惮，它会毫无畏惧地爬到你的手指头旁边，甚至干脆爬上你的手，直接抢夺你偷偷用来替换的另一只蟋蟀。这么一来，你的“诡计”轻易就实现了，实验的结果自然而然非常理想。因为在黄翅飞蝗泥蜂的“主动”配合下，我们能够非常真实地观察悲惨事件的所有细节。

找到一只活蟋蟀是件轻而易举的小事。随便翻开一块石头，那下面就密密麻麻的一大群，全部在那里躲避毒辣的太阳。这都是一些当年生的小蟋蟀，翅膀都还没长硬，也不具备成年蟋蟀的本领，更没有能耐挖掘深入地下的寓所，自己躲藏其中而不被黄翅飞蝗泥蜂发现。所以，我可以随心所欲地想逮多少有多少。没有花费多少时间，我就准备好了足够的蟋蟀。现在，一切都已经准备到位。我爬上观察所的上面，待在黄翅飞蝗泥蜂村镇中间的高地上屏息等待。

一个外出搜捕食物的“猎人”满载归来了。它毫无戒备地把蟋蟀丢到入口处，放心大胆地钻进到洞里去了。我趁机赶快拿走它的猎获物,把我预备的蟋蟀放在洞口外稍远一点的地方。

这个猎人从地下返回洞口了。它打量了一下，就过去抓住远离洞口的猎物。我立刻睁着双眼，将全副身心集中到这上面——无论如何,我都必须抓住这个机会,细致观察这出即将开幕的悲剧。

那只被替换的活蟋蟀丧魂落魄,连蹦带蹿地夺命奔逃。飞蝗泥蜂猛扑上去,双方瞬时扭打成一团,闹得沙土飞腾。两个搏命者轮番占上风,一时间难分胜负。到最后,猎人赢了。被仰面朝天打倒的蟋蟀,仍然不甘心地足爪乱蹬,双颚不停地咬动。

猎人一刻也没有松懈，马上下手收拾战利品。它反向压在对方的大肚皮上,大颚一下子咬住蟋蟀腹部末端的一块肉不放,用前脚努力制止蟋蟀粗大后腿发疯般的挣扎，同时中脚恶狠狠地勒紧战败者不断抽动的肋部,而后脚如两根粗大的杠杆重重地按在蟋蟀的脸上,导致蟋蟀脖颈关节张得大大的。这个时候，飞蝗泥蜂的腹部弯曲成九十度直角,这样一来,在蟋蟀大颚前的,是一个无法咬到的凹面。

我忐忑不安地观察到,飞蝗泥蜂的毒针,第一下扎在蟋蟀的脖子上,第二下扎进胸部前两节关节的中间,最后,凶狠地刺向腹部。迅雷不及掩耳间,厮杀就结束了。接下来,飞蝗泥蜂绅士般整理下凌乱的外衣，盘算着如何将牺牲品运回地下的隐蔽所去。那还没有彻底咽气的蟋蟀,腿还在不断颤动着。

刚才,我平铺直叙地讲述了观察到的飞蝗泥蜂捕猎过程。现在,我们花点儿时间研究下这令人啧啧称奇的战术。

情况多么不同啊！黄翅飞蝗泥蜂的猎物不仅拥有令人生畏的大颚——一旦被大颚咬住，可以轻易给对手开膛破肚；而且还拥有长着两排锐利锯齿，并且发达强壮的双腿——这双腿能够跳得非常远，有效逃避威胁，或强有力地踢踹敌人，把黄翅飞蝗泥蜂凶狠地击倒。所以，你们能够看到，飞蝗泥蜂在用针蜇之前，会非常小心地采取预防措施。被害者仰面倒地，没有办法用后腿弹跳起来逃跑。如果在正常姿势情况下遭遇攻击，它必会这样做，和受到节腹泥蜂袭击的象虫一样。它那带着锋利锯齿的大腿，被压在黄翅飞蝗泥蜂的前脚下面，不能进行有效反击；它的双颚，被飞蝗泥蜂的后腿顶起老高，虽然气势汹汹张得很大，却根本咬不到对手。但是，对黄翅飞蝗泥蜂来讲，还不能够完全制服敌人，它还需要更加勒紧猎物，使之完全不能动弹，以便蜇针能够对对手注射毒汁。或许，就是为了使对手的腹部无法动弹，黄翅飞蝗泥蜂才狠狠咬住猎物腹部末端的肉不松开。

所有的一切，简直太奇妙了！就算是我们能够极大地发挥丰富的想象力，制订捕食计划，也不可能找到比黄翅飞蝗泥蜂更好的办法。而古代角斗场上的角斗士，在与对手进行肉搏时，也未必能够采取比这更巧妙的手段。

在前面我已经说到过，黄翅飞蝗泥蜂抓获的俘虏身上，凶狠地刺进去了好多次：首先是刺入脖子，然后是扎刺在前胸的后面，最后是刺在接近肚子根部的地方。正是它那细长的匕首这干净利落的一顿猛戳，充分体现出黄翅飞蝗泥蜂所具有的天赋和万无一失的技术。

讲到这里，还是先让我们共同来回顾一下前面的陈述中，经过对节腹泥蜂的孜孜不倦、精益求精的观察和研究,得到的非常重要的结论。节腹泥蜂的幼虫食用的猎获物,尽管根本丧失掉了生命的活力,但并非真正意义上的尸首。它们当时纹丝不动,是因为全身或者局部被毒液麻醉了而已,其动物性的生命在不同程度上地被灭失了,可是它们植物性的生命——营养器官的生命,其实在很长的时间里能够被保持下来。所以这猎物就不会腐烂,过了很长时间,幼虫去吃它时,依然还保持新鲜。为了能够达到这样精妙的麻醉效果,膜翅目的猎手使用的办法,属于今日最先进的科学提供给实验生理学家的方法——借助有毒的蜇针,破坏掉敌人指挥运动器官的神经中枢。

除此之外,我们还已经知道,节肢动物神经干的各个中枢或神经节,所起的作用在一定范畴内,都是各自独立运行的。因此,对于各个神经节之间相隔距离较远的昆虫,损坏了其中的某一个神经节,只能够引起——至少是只会立即导致相应部位的瘫痪。相反,假如神经节都是紧密地连在一起,那么,一旦损坏共同的神经节,就会导致神经分支所分布的所有节段都发生瘫痪。吉丁和象虫就属于这种情况。节腹泥蜂把蜇针刺向它们的胸部神经中枢,只需要刺中一次,就使它们全身瘫痪。

我们解剖一只蟋蟀仔细了解下,是什么能够让蟋蟀的三对脚活动起来的?我们通过解剖所发现的,黄翅飞蝗泥蜂却比我们的解剖学家更早发现:蟋蟀的三个神经中枢,彼此之间相互隔得很远!

由此可知,用蜇针对着不同部位刺进去三次,确确实实是完全符合逻辑的事情。至高无上的科学啊,你应该甘拜下风了!和被节腹泥蜂的蜇针,刺成重伤的象虫一模一样,被黄翅飞蝗泥蜂刺中的蟋蟀也并非真正死亡——尽管从表面上看和真的死了没有什么不同。在这样的情况下，猎物的外皮依然保持柔软，非常客观地反映出其内部机体还存在着微弱的生命力，因而无须使用我的方法——为了验证节腹泥蜂猎获的方喙象是否还残存有生命力，而使用过的人工方法。

被刺伤的蟋蟀，如果放进玻璃管里，完全可以新鲜地保存一个半月之久。黄翅飞蝗泥蜂的幼虫把自己封闭进虫茧之前，生活的时间用不了半个月，所以，直到宴会结束，都可以保证它们吃到新鲜的肉。

充满风险的捕猎工作宣告结束了。

一个蜂房已经储藏了三到四只蟋蟀作为食物。这些蟋蟀被非常有次序、有条理地堆放着。它们的背朝下，头摆放的位置是在蜂房尽头，脚则在门口。一只卵就直接产在一只蟋蟀的身体上。最后，必须要做的就是封闭洞口。打洞时挖出来堆在门前的沙土，会被快速往后扫进过道中去。

飞蝗泥蜂时不时地用前腿扒拉着残屑堆，将大个的沙砾从中一一拣出来，再用大颚叼着这些沙砾去加固容易粉碎的洞壁。如果它在能够够得着的地方找不到合适的沙砾，就会到附近去找，而且会很认真地挑选沙砾。那种严肃的态度，和泥瓦匠挑选建筑物材料不相上下。植物残留的根茎和树枝，包括小片的枯叶烂叶都派上了用场。

没有多久，地下建筑物暴露在外的痕迹，就都消失得无影无踪。如果不特意留下个记号作为标志，再怎么瞪大眼睛聚精会神地去看，也无法找到它住所的正确位置。封闭完这个洞之后，它会再去挖另一个洞，在那里面放上食物，然后将其封闭起来。如法炮制，反复多次。输卵管里有多少个卵，就反复多少次。到产卵过程结束之后，飞蝗泥蜂就又开启了无忧无虑、四处闲逛的生活状态，直至初寒乍冷，一个如此充实的生命结束为止。黄翅飞蝗泥蜂的使命完成了。但是，我的任务还没有完成——还需要观察它的武器。

用以制造毒汁的器官由两根管子组成，管子上分出很多细小的管子。这些管子都连通着呈梨形的共用贮汁库，或者说是贮壶。

贮壶伸出来一条纤细的管子，与螫针的轴线相连通，将毒汁输送到螫针的末梢。螫针非常之细小。和黄翅飞蝗泥蜂的身材相对比，特别是和它刺进蟋蟀身体所产生的剧烈效果来对比，这根螫针居然这么细，确实出乎意料。螫针的针尖异常光滑，完全没有蜜蜂螫针上倒着长的锯齿。之所以如此，原因也是显而易见的：蜜蜂使用螫针，其目的仅仅是对所受的侮辱进行凶狠的报复，甚至因此而不惜付出自己的生命——因为螫针的倒齿必然钩住伤口而无法拔出，导致自己腹腔末端被硬生生扯出一道致命的伤口。

假如黄翅飞蝗泥蜂在首次出征时，它的武器就要了它自己的小命，那它还有必要留着这样的武器吗？它之所以使用螫针这个武器，更主要是为了刺伤猎物——这猎物非常重要：留给幼虫做口粮！就算是带锯齿的螫针可以拔出来，我还是相信，黄翅飞蝗泥蜂绝不会乐意自己的针带上锋利的齿！

对黄翅飞蝗泥蜂来说，螫针并非用以炫耀力量的武器。为了报仇雪恨而亮出这匕首进行攻击，这样做当然是非常快意的事情，可快意的代价非常昂贵，热爱报复的蜜蜂有时会因此搭上自己的性命。

黄翅飞蝗泥蜂的螫针则不然，它属于工作器械范畴，是一个非报复性的工具，它对幼虫未来的生死起着决定性的作用。因此，在跟猎物搏斗时，这工具使用起来要能够遂心应手，能够刺进对方身体，又能轻松地抽出来。与带倒钩的刀刃相比，符合要求的只能是平滑的刀刃。

黄翅飞蝗泥蜂能够以足够快的速度，击垮非常强大的对手——甚至我都想试一试，被它的毒针扎在身上会不会很疼。

好吧，我居然真的在自己身上做了实验！现在，我可以非常惊讶地告诉你，这针刺上来，我竟然没有一点感觉，根本没有感受到被暴躁的蜜蜂和胡蜂蜇时的那种痛苦！实验时我没用镊子，而是毫无顾忌地用手指直接抓住它，因为我在研究中还用得着它。

最后要说明的一点是：带着蜇针仅仅是用于自卫的膜翅目昆虫，如胡蜂，会暴怒地冲向扰乱自己住所的为非作歹者，给予对方的疯狂行为以严惩。相反，蜇针用来捕猎的膜翅目昆虫，性情却一定非常平和，好像它们意识到了自己的毒汁对子女所具有的重要性。这毒汁是保护种族的工具，是谋生的工具。因此，只有在狩猎的情况下，它们才会被节约着消耗，而不能用以作为敢于报复的勇气炫耀。

当我置身在黄翅飞蝗泥蜂部族中，大肆毁坏它们的巢穴，掠走它们的幼虫和食物时，我没有一次被蜇到过。只有在我逮住它时，它才会动用那个毒器。如果我没有把身体上比手指更娇嫩的部位，如手腕放在蜇针附近，它都没办法刺进我的皮肤里去。

幼虫和蛹

黄翅飞蝗泥蜂的卵是白色的，呈圆柱形，微微弯曲成弧状，宽度约三至四毫米。

它的卵并非随意地产在猎物身上的某一处。相反，产卵的地点是经过优选的，一旦选定就永远不变的——在蟋蟀胸膛上横放，在第一对脚和第二对脚的中间，略微靠着边。

白边飞蝗泥蜂和朗格多克飞蝗泥蜂的卵，都同样产在与之相似之处：前者产在蝗虫的胸膛上，后者产在距螽的胸膛上。我从没见到改变产卵点的情形。因此，选择这个部位肯定对幼虫的安全有非常重要的作用。

产下三四天后，卵就孵化了。

那层非常精细的膜，终于裂开来。这时，我们可以看清楚那个还非常虚弱的小家伙，它浑身上下像水晶一般透明，身体前部似乎被什么给紧紧勒住，后部似乎在微微膨胀，这就导致身体从后到前逐渐变细起来。身体的两侧，各有一条由支气管构成的狭窄细带，细带呈白色。

这个非常单薄的小生命，还是和卵一样横躺着。脑袋搁放的位置，就在卵的前端曾经固定搁放的地方；身体的其他部分，仅仅是倚靠在猎物的身上，没有与猎物融合在一起。

由于它的身体是透明的，所以我们直接能够观察到，小虫体内存在快速的起伏运动。这种蠕动波非常有规则地运行，一波接着一波。身体产生的这些蠕动波，不断地向后传递过去。这是消化道在运动起伏，因为消化道正在大口吸吮着猎物身上的汁。

让我们来关注一个备受瞩目的场面。

猎获的食物一动不动地仰卧着。在黄翅飞蝗泥蜂的蜂房里，猎获物就是蟋蟀。在那里，堆着三四只蟋蟀。在朗格多克飞蝗泥蜂的蜂房里，只有一只个头比较大的食物：一只肥头大耳的距螽。

一旦将幼虫从汲取生命源泉的地方分隔开，它就肯定活不长了。如果它从猎获的食物上掉下来，同样也会没命。因为它实在是太软弱无力，根本没有办法挪动一下，一旦发生前面说到的意外，它就无法回到原位继续吸吮营养。

那只被猎获的食物，只要随便动一下，就能够很轻易地把这个吮吸它内脏的幼虫抖掉。但是，这个庞然大物却根本无动于衷，甚至都没有颤动一下以表抗议。

当然，我知道它之所以如此麻木，是因为已经被麻醉了！

凶杀者毒性十足的小针，使它无法控制自己的大腿。可是，它被毒针蜇并没有多久，那些没有被蜇针刺到的地方，肯定或多或少还保有活动和感觉的能力。你看，它的腹部已经微微颤动，大颚仍然凶狠地一张一合，腹部的肌肉及触角还在来回摇摆。

如果幼虫吃食时咬到猎物仍有感觉的部位，比如咬到大颚旁边，甚至咬在肚皮上——那里肉非常嫩、汁非常新鲜，看起来应当最先给虚弱的小虫吃——将有可能会发生什么呢？

蟋蟀、蝗虫、距螽如果被咬到致命的地方，它们的皮肤多少会有些颤抖。这轻微的颤抖，就完全能够甩下来衰弱的幼虫，幼虫也肯定活不了。因为，这时它恰恰就在猎物的大颚——可怕的钳子下面啊！

不过，在猎物身上有一处，不会对幼虫产生这样的危险。那就是被黄翅飞蝗泥蜂蜇过的地方，即胸部。

在刚刚捕获的猎物身上，实验人员在这个部位——也只有在这个部位，才可以随意用针到处戳，而受刑者根本没有感到任何疼痛。所以，产卵的地方永远都是这里，幼虫总是从这里开始吃这猎物。

就在这里，蟋蟀即使被咬到，也感觉不到疼痛，因而才会一直纹丝不动。当咬的伤口逐渐扩展到敏感部位时，它有可能挣扎。但是，为时已晚。它被麻醉的程度已经太严重了。更何况，它的对手也已经增长了不少的力气。

这就是卵总是一成不变地产在固定地点的原因——这个固定的地点，就是胸膛上蜇针刺中的伤口附近。不过有一点必须明确：通常不是胸部的中间——因为对幼虫来说那儿的皮太厚了，而是在侧面靠近腿根的地方——那儿的皮细嫩得多。

瞧瞧，母蜂做出的选择是多么合理，是多么符合逻辑啊！它在黑黢黢的地下，居然能够在猎物身上辨认，然后选出唯一合适的部位来产下它的卵。

我曾经专门饲养过黄翅飞蝗泥蜂的幼虫。我把从蜂房里取出来的蟋蟀，一只接着一只地喂给它吃。如此这般，一天天密切观察这婴儿是如何发育成长的。

喂给幼虫的第一只蟋蟀供其下卵。就像我前面说过的那样，幼虫就是向螫针第二次刺到的地方——即第一对腿和第二对腿之间进攻的。

没过几天时间,年幼的小虫已经在猎获物的胸部,挖出一个足够半个身子钻进去的坑。这时,我们经常可以观察到,活活被咬的蟋蟀,徒劳地摆动触角和腹部肌肉,枉然地开合它那大颚,甚至还会踢腾下一只脚。可这一切显然没用,它的敌人安逸地掏空它的内脏,却不会受到惩罚。对于这只已经瘫痪了的蟋蟀来讲,这简直就是噩梦!

过了六七天,幼虫吃完了它的第一份食物,剩下的仅仅是带着外皮的骨架,骨架的所有部件几乎都没有动过。

这时,约有十二毫米身长的幼虫,从它在猎物胸腔挖的洞里钻了出来。

它在往外钻的过程中,蜕了一次皮。蜕下的皮通常就搭在那个洞口上。蜕过皮之后,稍微休息一会儿,它就毫不客气地开始吃第二份食物。

现在,幼虫已经强壮了许多,对蟋蟀软弱的反抗根本不害怕。蟋蟀的麻醉程度每天都在加深,到最后,已经没有了任何的反抗意愿。所以,幼虫可以直接向它进攻,无须采取什么预防措施。

这种进攻通常从肚子开始——因为那儿的肉很嫩,而且还有大量的汁。

很快就轮到了第三只蟋蟀成为食物。最后的食物,也就是第四只蟋蟀,在十二个钟头里,就被吃得干干净净。

最后,这三只猎物光剩下那些无法啃动的外壳。不过,外壳也都被咬得鸡零狗碎,能吃的都被尽可能吃空了。

前面提到过,幼虫在吃第二只蟋蟀时,往往是从肚子那个部位开始——那里汁最多、肉最软。

这就和小孩吃东西一样，往往是先吃面包片上的果酱，然后才不情愿地啃面包。同样，幼虫最先吃的，也往往是最好的那一部分，即肚子里的内脏。然后，再从角质外壳挖肉出来吃，而这需要十分耐心，为的是有空时能够慢慢消化。

不过，刚刚从卵里出来的小虫还很稚嫩，不会表现得异常贪心。对于它来说，首选是面包，然后才是果酱。因为它别无选择。

第一口，它咬到胸部——"母亲"产卵之处。这部位稍微有点硬，但是非常安全。因为，螯针在胸部扎了三下，那儿已经被麻醉，完全失去了活力。

如果是在其他部位，虽然不会一直出现，但多少会有一些痉挛性的颤动，从而可以把虚弱的小虫抖掉，使它面临可能发生的可怕局面：置身在一群猎获物中，猎获物长着锯齿的后腿会猛烈踢蹬，虽然大颚咬合间隔时间在变长，但是仍然存在威胁。所以，"母亲"对产卵地点的细心选择，完全是出于安全性的考虑，而非幼虫的食欲。

吃完最后一只蟋蟀之后，幼虫便开始沉迷于织茧。这项工作没有用到四十八个小时，就大功告成。从这时开始，这位辛勤的"工人"，躲在别人进不去的隐蔽所，放心大胆地沉溺于它必定要经历的、深度的麻木状态，沉溺于非睡非醒、非生非死的生活方式中。就这样，十个月后，幼虫才能够脱茧而出。

很少有什么虫的茧，能够比它的茧更复杂。它的茧，除了外部有一层粗糙的网状物之外，另外还有分得很清楚的三层，结果看上去就像是三个茧，一个套着一个。

现在，就让我们来看看丝质的各层建筑吧。

最外面一层，是和蜘蛛网近似的粗纱网。幼虫把自己关在那里面，如同躺在吊床上一般，为的是能够舒舒服服地织造真正的网。

这个作为脚手架、匆忙织就的网残缺不全，随意编成，上面残留有沙粒、土坷垃和吃剩下的蟋蟀——带着血的大腿、脚和头颅骨。

再往里一层是封套——这才真正算是茧的第一层，由淡棕色的毡状膜构成，质地细腻，异常柔韧，上面有不规则的皱褶。几根随便抛下来的丝线，与脚手架和外套连接起来。

那件封套非常像圆柱形的零钱包，它四面全部密闭着，空间对它所包裹的东西来说实在是太宽敞了，以至表面产生了褶皱。

从这一层往里，就是一个“塑料盒子”，盒子的尺寸，明显小于包裹它的“零钱包”。它的形状近似圆柱体：上端呈圆形，幼虫的头就搁在上端；下端则呈钝锥形。

这个“盒子”呈现淡红棕色，下端锥体颜色要深一些。

它非常坚硬。不过，用手指头稍微用力压一压它就会裂开；只有锥极用手指轻易按不破——那里面应该装有硬物。

把这个“盒子”打开，能够看见它有两层结构，这两层彼此紧挨在一起，却又易于分开。外层和那个“零钱包”一样，属于丝毡；内层——也就是茧的第三层，则非常像干清漆——一种深紫棕色的发光涂料，很容易碎，摸起来感觉很柔软，似乎其质地与茧的其余部分不同。把它放在放大镜下察看，可以证实这一点：它不是封套那样的丝毡质地，而是一种非常特别的漆料。这种漆料的来源异常奇怪，下面我们就会提及。

那个锥极的抗压力，来自由易碎材料构成的紫黑色塞子。紫黑色的塞子上面有许多黑点闪闪发亮。

这塞子来自哪里？你肯定想不到——它是幼虫整个蛹期在茧内排泄的粪便干团！正是因为这个干粪团，所以茧的锥极颜色才会那么深。

这个如此繁复的住所，平均长度是二十七毫米，最宽部分达九毫米。

还是继续研究涂在茧内的紫色清漆吧。

最开始，我认为这清漆出自丝腺。丝腺先排出丝，编织双重“盒子”和“脚手架”，然后再排出清漆。

为了验证这个自己深信不疑的观点，我剖开了一只幼虫——它已经结束纺织工作，但还没有开始涂漆。

我在幼虫的丝腺里，没有找到一点紫色液体的痕迹。只有在消化道里才能看到这种颜色。

消化道里充斥着苋红色的精髓。我们在茧的粪便做成的塞子上还能够看到这种颜色。除这些之外，其余的都是白色的，或者稍微还带一点黄色。

我压根就没料到，幼虫竟然是用自己的粪便，来粉刷自己的茧。我猜测，这涂料浆属于消化道的产物——但仅仅是猜测，还没有办法肯定。因为我粗手笨脚，错过了证实这一点的最有利的机会。它是用嘴将胃里的苋红色精髓排放出来，用来作为清漆涂料的。仅仅是在完成最后一道工序以后，它才把挤成一团的消化残余物排出来。只有这样，才能够解释为什么幼虫非要把粪留在住所里——这种行为其实令人心生厌恶。

无论如何，都无须怀疑清漆层的用途：它安全不透水，可以保护幼虫不受潮湿的侵袭。母亲给它挖掘出的隐蔽所并不牢固，非常容易受潮。我们应该还记得,幼虫仅仅埋在沙土下面不到几法寸深的地方。

为了搞清楚涂着这种清漆的茧到底有多大的抗湿能力，我把茧放进水盆里浸泡了好几天,结果茧的内部压根就没有一点进水的痕迹。

黄翅飞蝗泥蜂的茧也有好多层,布置得非常巧妙,能够在缺乏足够保护措施的巢里护佑幼虫。

节腹泥蜂的茧则放置在隐蔽所里，这个隐蔽所位于超过半米深的、干燥的砂岩层下面。这个茧的形状像一个很长的梨子,细的一端被切掉了,只剩下一个丝质封套,异常纤弱,又非常细腻,能够透过封套看到里面的幼虫。

通过许多次的昆虫学观察，我注意到了幼虫和母亲之间的本领相补:如果洞穴深藏在地下,隐蔽得非常巧妙,那么,茧就是用轻质材料来制造的;如果洞穴挖得非常浅,会受到风雨侵袭,茧的结构就要粗实得多。

九个月的时间很快就过去了,在此期间,茧内所有的工作全部是秘密进行的。以至于我根本就没有办法了解幼虫在其间的情形。所以,我只能跳过这段时间。而为了等到出蛹的阶段,我从九月底就开始耐心等待,一直等到了第二年的七月初。

这个时节,幼虫刚刚蜕去业已褪色的皮。蛹,其实是一个过渡性的组织,或者说是仍然在襁褓中,但已完成变态的昆虫。它纹丝不动。还要过一个月,它才能够苏醒。幼虫的腿、触角、嘴和不发达的翅膀,如同纯液态的水晶，有规则地摊放在胸部和腹部下面。身体的其余地方呈现出浊白色——也就是带一点黄色的白色。

腹部中间有四个节，每一边都有窄而圆的突出部分。最后一节的末端上部，有膨胀的、扇面形状的叠片，下部则并排长着两个锥形乳突。这些，就构成一个分布在腹部周围的附属器官。

这个纤弱的小生命，大致就是这么个模样。为了能够变成黄翅飞蝗泥蜂，它必须穿上半身黑、半身红的服装，然后再蜕去紧紧包裹它的薄皮。

我曾经日复一日地观察蛹的出现过程和颜色的变化。而且我还进行实验，想知道阳光——这个大自然能够从中汲取颜色的五颜六色的调色板——对这些变化有没有什么影响。

首先是眼睛上出现颜色线条，角质的复眼不断地由白色变成淡黄褐色，再变成深灰色，最后变为黑色。接下来，是前额顶部的单眼改变了颜色。在这同时，身体的其他部分还没有改变其自然的色彩——白色。

没过多久，将中胸和后胸分隔开的那道缝隙上面，出现了一道烟黑色。又过了二十四小时，中胸的背部全都变成了黑色。

就在这同一时间里，前胸那块的自然色彩开始模糊起来。后胸上部的中间出现了一个黑点。大颚已覆盖上一层铁色。胸部两端的胸节，其色彩不断变深，这深色最后一直延展到头部和尾部。

仅仅用了一天工夫，头部及胸部两端的胸节就从烟黑色变成了深黑色。这时，腹部颜色变化得越来越快：前部腹节的边缘染成了金黄色，后部腹节出现了一道灰黑色的边。最终，触角和腿的颜色越来越深，直至变成黑色；腹底完全变成橘红色，其末端则变成黑色。这时，除去跗节和嘴呈透明的棕红色，及发育不全的翅膀是灰黑色之外，全套"服装"都已配好颜色。

再过二十四个钟头，蛹就要摆脱它那讨厌的束缚了。

仅仅需要六七天的时间，蛹的颜色就完全固定下来了。

不过，眼睛颜色的变化，相比身体其他部位的变化，会提早半个月开始。

现在，根据这些概括性的描述，读者们可以非常容易地掌握颜色变化的规律。

我们知道，所有的高级动物，复眼和单眼一般会提早完成变色。除此之外，颜色的变化都是从中胸的中间部位开始的，从那里逐步向四周扩展，最先到达胸部的其余部位，然后扩展到头和腹，其后到达附属器官、触角和腿。更晚些变色的是跗节和嘴。翅膀只有在钻出“盒子”以后才会有颜色。

现在，黄翅飞蝗泥蜂穿着打扮完毕，剩下的工作仅仅是褪掉累赘的茧壳。茧壳是件十分精致的紧身薄膜，将身体构造的所有部位展现无余，几乎没有遮盖住成虫的形状和颜色。

在最后一个变形动作完成前，黄翅飞蝗泥蜂会从昏睡中猛然苏醒。一旦醒来，它会激烈地不住乱动，仿佛期冀从长时间的麻木中唤醒肢体的生命力。

它的腹部开始不断伸缩，猛然间伸开腿，之后弯曲腿；然后再次伸开，用足气力使各个关节伸得笔直笔直的。

这个昆虫用头和腹尖来支撑起身体，肚子冲上，全身多次用力抖动，以撑开来颈部关节和连接腹部与胸部的腿关节。

它的坚持不懈最终获得了成功，经过一刻钟如此高难度的体操运动，被如此这般拉扯的“紧身服”撕裂开来：在脖子处、在腿关节周围和靠近腹部肉茎的地方——总之,在身体的各个部位,在这种剧烈活动能够扯开所有地方。

这件要褪掉的“紧身服”,已经破裂成一些不规则的碎片。

其中，最大的一块碎片还紧包着腹部及背部。这块碎片就是翅膀的外套。

第二块碎片包着脑袋。每条腿都有自己特殊的罩子，罩子的底部已经被不同程度地扯坏。由于腹部轮番一张一缩的剧烈运动，最大的那块“紧身服”碎片已经脱开了。靠着这种运动机制,它被慢慢褪到尾部,终于被揉成一个团,仅仅由几条断丝挂在腹部一段时间。到了这个节骨眼，黄翅飞蝗泥蜂却又沉入昏睡状态。蜕变的作业暂时告一段落。这时,头、触角和腿上或多或少还包着碎片。

很明显,因为腿上有许多高高低低的东西,或者明确地说——有很多刺,蜕皮工作不可能一下子全部完成。这些还没有脱掉的碎膜,在昆虫身上变干燥,然后,在腿的摩擦下脱落。

飞蝗泥蜂只有在非常健壮时,才能够使用腿来扒拉、梳剔、刮刷全身,完成最后的蜕皮。

在蜕皮的整个过程中,翅膀从“盒子”里出来的方式,最引人关注。

在发育完成之前,这些翅膀直直地折叠着,而且紧紧地收缩着。它们以正常状态出现之前,我们能够轻而易举地从“盒子”里面把它们给拔出来。不过,这么做,它们的翅膀根本不能够张开,会仍然蜷缩着。相反,当那块最大的碎片(翅膀的“盒子”属于其中的一部分)在腹部的运动下被褪下去时,我们可以看见,翅膀缓慢地从“盒子”里伸出来。一旦它们彻底获得自由,会马上伸展开。这时,你能够瞧见,和原来封闭在狭窄的囚牢里相比，它们真算是庞然大物。这时候，大量生命所必需的液体涌入这些翅膀，令它们膨起来、撑开来。

这些液体所引起的鼓胀，很可能是翅膀能够从“盒子”里挣脱出来的主要原因。刚刚才舒展开的翅膀非常重，呈淡淡的草黄色，充满了液体。液体如果流动得非常不规则，那么便会在翅膀的末端坠满成一粒黄色的滴液，嵌在两张膜片的中间部位。

飞蝗泥蜂终于摆脱了腹部的“套子”。“套子”还拖着包裹翅膀的“盒子”。

接下来有三天左右的时间，飞蝗泥蜂又重新进入一动不动的状态。在此期间，翅膀的颜色逐渐变正常，跗节也有了颜色，原来张开的嘴，现在也闭合着。

蛹在二十四天后，最终发育完全。它拼命撕开囚禁它的茧，努力打开一条通道钻出沙土，在某个大清早，出现在明媚的太阳光下。这时的它，居然并没有被它从来没见过太阳光照得头昏眼花。

黄翅飞蝗泥蜂沐浴着温暖的阳光，如同猫一般反复梳理触角和翅膀，用腿不停地抚摩腹部，用蘸了口水的前跗节清洗眼睛。直到一切梳洗完毕，就兴高采烈地飞走。毕竟，它还有两个月的寿命可以活呢！

飞蝗泥蜂的种类非常多，但是在法国只有三种：黄翅飞蝗泥蜂，白边飞蝗泥蜂和朗格多克飞蝗泥蜂。最令人感兴趣的是，观察者会发现，这三种掠食者居然能够根据动物学的严格规则，对食物进行筛选。它们只选择直翅目昆虫作为幼虫的食物：第一类选的是蟋蟀，第二类选的是蝗虫，第三类选的是距螽。

这三种被猎取的对象，有着截然不同的外观。这里，我们就来比较一下蟋蟀和蝗虫吧。

蟋蟀脑袋圆而大，躯干粗壮，全身呈乌黑色，后大腿上还佩戴着红色的“绶带”；蝗虫则是呈淡灰色，身材修长苗条，脑袋小且呈锥状，长长的后腿稍微一使劲就能够跳跃起来，折成扇形的翅膀让它可以就这样继续飞行。

接下来，再把这两种昆虫和距螽进行比较。

距螽的背上，掮着它的乐器——两个凹下去的蚌壳状的铙钹。它笨重地拖着肥胖的肚子，肚子上的环节相间着嫩绿色和奶黄色，末端长着一把长“匕首”。

把它们仨加以比较，你的观点就会跟我一样，那就是：飞蝗泥蜂选择的食物不同，但是没有超出同一动物类别的范畴这一点就必须具备内行的眼光才能够看出来。这种眼光，就连人——并非随便什么人，而是科学家，都不得不表示佩服。

如此让人感到惊讶的选择，肯定事出有因。

那么，个中原因到底是什么呢？是什么样的动机使它们做出如此决定：虽然将自己的日常食物严格控制在同一目昆虫的范围内，但是在这个地方选择的是恶臭的食物，在其他地方则选择味道非常可口的干蝗虫，在另外某些地方却选择肥美的蟋蟀或距螽？

我不得不承认，对这个关于选择食物的问题，我一点儿也不明白，根本不明白。那么，就把这个问题交给别人去解决吧。

第十章　朗格多克飞蝗泥蜂

捕猎与造房

化学家在细致地制订出研究计划后，会在最合适的时刻搅拌反应剂,在曲颈瓶下点着火。这时,他是时间、地点、环境的主人。他能够随心所欲地选择工作时间,躲进与外界隔离的实验室不受干扰。他能够随心所欲地制造出他所能想到的东西。他探究无机世界的秘密,只要高兴,就能够在任何时候发挥出化学的作用来。

活着的自然秘密,已不是解剖学结构的秘密,而是活跃的生命,是本能的秘密。这秘密给观察者造成的困难要大得多,微妙得多。人类不仅无法控制时间,而且还被季节、日子、小时甚至时刻所束缚。

因此机会一旦出现，就应该不假思索地抓住——因为这个机会很可能非常久都不会再来。而且，机会通常出现在最意想不到的时候。所以,人们往往对如何有效地利用机会根本没有准备。

你必须事先准备好小规模的实验器材,制订好计划,设计并完善战术,想好办法。一旦灵感突然到来,你就能够有效利用机会,这对你来说就是非常幸运的事情。要知道,机会只留给极力寻找它的人。

机会终于来了！有一天,天刚刚放亮,我就已经“埋伏”在小山谷里的石头上。一大早,我进行探访的对象是朗格多克飞蝗泥蜂。

看！飞蝗泥蜂出现在凹陷的道路上，道路两边是高耸的陡坡。它徒步走了过来，同时还不断地扇动翅膀，借以将沉重的捕获物拖过来。距螽的触角，如同线一般又细又长。对于飞蝗泥蜂来讲，正好作为用来拖车的绳子。飞蝗泥蜂心满意足地高昂着头，用大颚咬着猎物的一根触角。这根被它紧紧咬着的触角，刚好穿过它的两腿之间。那个被拖拽着的猎物肚皮朝天。

如果地面不平坦，有碍于这种运输方式，膜翅目昆虫就会抱起庞大的猎物飞上一段路程。不过，只要有可能，它更愿意用脚前进。

我从来没见过它像善于长途飞行的昆虫一样，双腿紧紧抱住猎物，一直飞行很长的距离。某些昆虫——如泥蜂和节腹泥蜂，前者紧紧抱着双翅目昆虫，后者紧紧抱着象虫，在空中可能可以飞上一公里。当然，这些战利品和庞大的距螽相比要轻得多。因此，猎物太沉重这个事实，导致朗格多克飞蝗泥蜂只能在全部路程中，或是在几乎全部路程中，用非常慢且非常艰难的徒步方式进行运输。

同样，由于猎获物很大而且非常笨重，打乱了膜翅目掘地虫通常先挖洞，然后供应粮食的工作流程。掠食者有的是力气，完全可以搬动猎物；而且它飞行运输非常方便，还能够任意选择住所的位置。因此，它完全可以飞行到非常远的地方去捕猎。

它一抓到俘虏，就会迅速飞回巢穴；无论远近，它都无所谓。它更愿意把自己的出生处，把前人曾经生活过的地方，作为它的窝。

在那现成的窝里，有幽深的巷道供其继承——那毕竟是几代前辈坚持不懈努力的成果。它只需要把那些巷道稍加修缮，作为通往新卧室的通道即可。这些现成的卧室，防卫性能良好，比每年孤独地

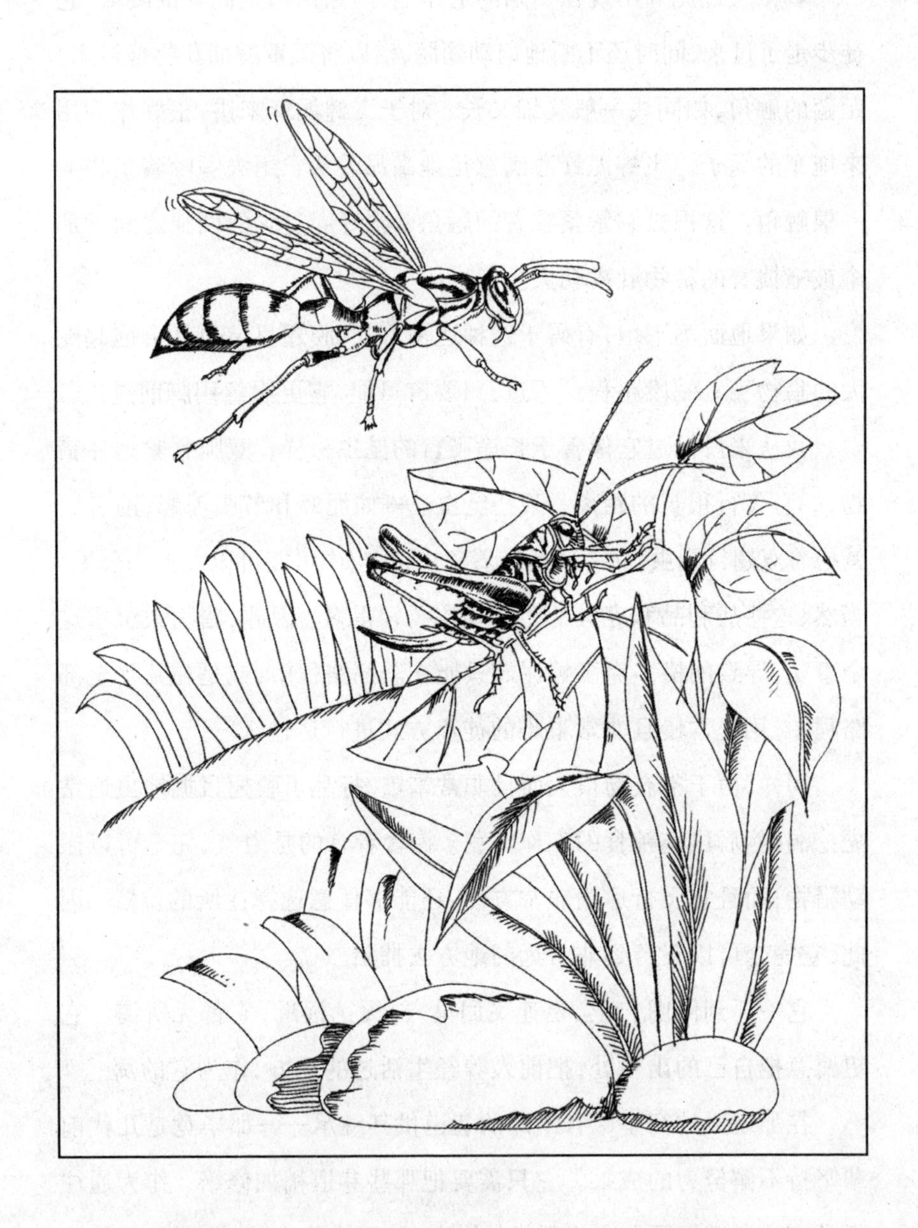

重新从地面开始挖掘造成的居所要坚固得多。

因此可以得出一项重要的结论:对掠食者来讲,如果猎物比较轻,它就可以进行长距离的飞行运输。这样一来,膜翅目昆虫就能随心所欲地确定洞穴的地点。它非常喜欢使用它出生的地方,把每一条巷道,作为连通多个蜂房的过道。出生地点都非常接近,于是更便于同类之间聚居、互为友邻,从而在劳动时形成群体、互相激励。

朗格多克飞蝗泥蜂的情况,却与此截然相反。它猎获的是沉重的距螽——和别的掠食者飞行好多次所堆积起来的食物总和相当。

节腹泥蜂和其他飞行很快的掠食者需要分几次完成的工作,对于它来讲,只需要一次就可以完成了。

由于猎物实在是太重了,它不能飞行很长的距离。因此,它只能辛辛苦苦地靠步行,慢慢地把猎物运回窝里去。就因为这一点,朗格多克飞蝗泥蜂选择住所的地点,要由在哪里能捕到食物来决定。先有猎物,后才有住处。这样一来,就不可能在一个共同选定的地方进行聚会,也没有同类居民彼此为邻,更不可能使各个部落在劳动中互相激励着竞相比赛。

朗格多克飞蝗泥蜂孤身独处于随机选择的地方,认认真真地、死气沉沉地独自劳作着。掘地虫必须首先找到猎物,发起攻击,将对方麻醉之后,再开始操心修建巢穴的事;它会在距离猎获物最近的地方,选出一个中意的地点,然后飞快地挖出未来幼虫的卧室,以便能够马上安放卵和食物。

我观察到,正在挖洞的朗格多克飞蝗泥蜂,或步行,或飞行,去要去的地方。它寻寻觅觅了好一阵子——我们从它那犹犹豫豫的步态、四下里反复张望的举止中，能够看出来这一点。

它就这样寻找着。终于，它找到了，或者不如说是重新找到了。

它重新找到的，是一只虽然半麻醉，跗节、触角、产卵管却仍然可以动的距螽。这只距螽，一定是朗格多克飞蝗泥蜂不久前刺过几下的那只猎物。在对猎物动了麻醉手术后，它就离开猎物——因为拖着这个重负，它没办法满世界寻找住所。

它很可能是将猎物故意扔在捕猎现场的，特意将其放在某处显眼的草丛中，方便自己以后找到。它对自己的记忆力看来非常自信，过一会儿它肯定能够准确返回放置战利品的地方。

接下来，它开始在周围进行侦察，准备选择一处心仪的地方来打洞。一旦挖好了住所，它就返回去找那只猎物。不用费多少事，它就能够找到。现在，它开始着手把猎物运回住所去。

它跨在猎物身上，抓住猎物的一个触角——甚至有可能是同时抓住两个触角——然后依靠大颚及腰部的力量，拖着拽着上路了。

任何一只能够进行挖掘工程的朗格多克飞蝗泥蜂，无论是在挖掘时，还是在用跗节清扫尘土时，在准备好住所之后，便时而步行、时而飞行，开始一场短途出征，为的是能够始终保持对猎物的占有。

据此，我们已经充分有把握得出结论：膜翅目昆虫首先必须干的活计是充当猎手，然后要做的活计是担负起挖掘工的任务——捕猎的地点决定了住所的地点。

本能的技能

我毫不怀疑，朗格多克飞蝗泥蜂为了能够麻醉它的猎获物，采取的办法和捕猎蟋蟀一样，即把螫针在距螽胸部刺好几下，为的是能够准确刺中胸部的神经节。

不过我必须承认，到目前为止，我还未目睹过这种谋杀行为。这个遗憾，应该归咎于朗格多克飞蝗泥蜂孤独的生活习性。

在一群黄翅飞蝗泥蜂一同建造巢穴的地方，大量的窝会在挖好后再被放进食物。只要静静地等在那里，用不了多久，你就能够看到，一个个捕猎者兴高采烈地带着猎物回来了。这时可以非常容易地用一只活猎物，来替换作为供品的猎物。只要你愿意，无论重复多少次这样的实验都可以。

另外，由于任何时间都存在着可供观察的对象，因此，事先需要把该准备的都准备好。但是，在对朗格多克飞蝗泥蜂进行观察时，这些成功的条件却并不存在。

带着事先就已经准备好的器材专门去寻访这个孤僻的家伙，基本上是徒劳的，因为这种习性孤独的昆虫，会一个个地消失在广阔的土地上。

如果你偶然遇到它，大多数情况，都正是它游手好闲的时候，因而你从它那儿根本得不到什么。再说一次：几乎都是在没有想到的情况下，朗格多克飞蝗泥蜂会拖着它的距螽出现在我们的视野里。

尝试将猎物更换掉，让捕猎者能够告诉你它是如何使用螫针的时刻——唯一可资利用的机会终于来了。我们赶快准备好替代品——一只活距螽吧！

动作必须再快一些，时间非常紧迫，只需几分钟，猎获物就会被放到窝里去，难得的机会就会错过！难道这个时候还要埋怨运气如何不好，手头恰好没有一只微不足道的饵物作为替代品吗！

朝思暮想进行观察的好机会就在我的眼皮底下，可是我只能干着急而无法利用！我手边没有和飞蝗泥蜂的猎物一样的活昆虫献给它，我根本没办法从它那里套取它的秘密！

试想一下，你只有这么宝贵的几分钟时间，却要四下里寻找替代品，来替代节腹泥蜂猎获的象虫——而需要三天的时间，才能找到作为替代品的距螽！

这种没有希望的机会，我已经遇到过两次了。啊呀呀！如果这时恰好乡警看到我发疯一般在葡萄树下奔跑，他真会以为是抓到偷农作物的窃贼并记录口供的好机会了！

我急如风火地来回奔走，经常被树藤绊一下，可我顾不上那是葡萄藤还是葡萄串！我要不惜一切代价，我需要一只距螽，我需要立刻得到一只距螽。在进行那些慌慌张张的远征时，我曾经获得过一只。我当时兴奋感爆棚，却没有预想到等待我的是痛苦的失望。

假如我能及时获取一只距螽，假如朗格多克飞蝗泥蜂仍然埋头于搬运它的猎物，那我就能够获得成功！上苍保佑！

现在一切都对我有利。膜翅目昆虫距离它的窝还非常远，它还在慢腾腾地拖运猎物。我轻轻地从后面用小镊子拉扯它的猎物。

猎手恼火地进行反抗，触须在空中乱动，完全是一副绝不放弃的样子。我加大力气用力往后拉，直拉得那个愤怒不已的搬运工都不由自主往后退，可是仍然于事无补——倔强的飞蝗泥蜂自始至终就没有松口的迹象。

幸亏我身上预备了小剪刀，它是我昆虫学实验小行囊中的一部分。我掏出剪刀，飞速一剪，就剪断了拖运的缰绳——距螽的长触角。

飞蝗泥蜂依旧往前走，不过很快就停了下来，因为它惊恐地发觉，自己拖运的重物，竟然突然间减轻了重量。

确实，它的感觉是对的——它拖运的重物被我巧妙地剪断了，仅仅剩下了触角。而真正的重担——肥头大耳的沉重的猎物则落在了后面，而且立马就被我用活虫子代替了。

这个膜翅目昆虫转过身来，放弃光溜溜的触须，沿着原来的路线走了回来。终于，它来到了已经被调换过的猎物面前。

它怀疑地审视着猎物，满腹疑虑地将那个猎物翻过来，尔后停了下来，用一条腿蘸上唾沫，开始擦拭眼睛，仿佛在思考着什么。

在这般疑惑不解的沉思状态里，它的脑子里可能会这么想："哎哟！难不成是我老了吗？难道是我打瞌睡了吗？难道是我眼花了吗？眼前这是个什么玩意儿，分明不是我的猎物。会不会是我被谁、被什么东西给骗了？"

无论如何，飞蝗泥蜂并没有急着用强壮的大颚咬我给它的猎物。

它疑惑地站在那里,丝毫没有流露出上前抓咬的意思。

后来,我带着疑问观察了更多的洞穴后,才终于搞清楚为什么我会失败,为什么飞蝗泥蜂会那么顽固地拒绝我的猎物。

作为提供给它们的食物,我找来的全都是雌距螽,没有一次例外。因为雌距螽肚子里装着一堆丰盛美味的卵，这或许就是幼虫喜欢的食物。在葡萄树下,我慌慌忙忙寻找活虫子时,不经意间却抓了雄性的——我给飞蝗泥蜂的竟然是雄距螽。膜翅目昆虫对待食物这个重大问题,眼光比我更加敏锐——它理所当然拒绝我的猎物。

这个精明的美食家，它的感觉是多么敏锐呀。它居然能够区别出雌性的肉很嫩，而雄性的肉相对较粗！它的目光是多么精准！两个性别不同的昆虫,形状和颜色一模一样,可是它一下子就能分辨得清清楚楚！雌性的肚尖上有一把尖刀,那是把卵埋到地下的产卵管。毋庸置疑,这是唯一能够从外表上区别距螽雌雄的特征。

这个区别性的特征，是无法逃过飞蝗泥蜂敏锐的目光的。这就是在我进行的实验中,膜翅目昆虫瞧见那只被替换的猎物时,拼命去揉眼睛,感到迷惑难解的原因:当初,抓获的明明就是长着一把刀的,现在,怎么居然没有那个刀子了呢？！

面对如此神奇的变化,飞蝗泥蜂那个不大的脑袋里,所考虑的到底是什么呢？现在,就让我们继续观察膜翅目昆虫的情况吧。

在准备好窝之后,它就会去把捕获的、做过麻痹手术后扔在不远处的猎物取回来。距螽这时的状态，和被黄翅飞蝗泥蜂麻痹的蟋蟀的状态没有多大的不同，这就是胸部被蜇刺的最直接的证据。虽然被麻痹,猎物仍然可以动弹,还具有一定的活力,仅仅是无法协调全身的活动而已。

这种状态下，昆虫不能够站立起来，于是就侧身躺着，或者仰面朝天。它快速地摆动长长的触须和触角；不断地张合大颚，咬的力量仍和平时一样大；腹部连续地深深起伏；产卵管会猛地一下子缩到肚子下面，几乎就贴到肚皮上了；它的腿依旧在动，不过只能懒洋洋地乱踢；身体的中间部分看起来麻痹得比其他部分更厉害。

一旦用针尖去刺昆虫，它全身都会胡乱抖动，那样子看起来像是拼尽全力想站起来行走，但是根本做不到。

总而言之，它甚至连简单的站立都无法做到，除此之外，这个俘虏还是十分具有生命力的。因为它被麻醉的仅仅是局部，只是腿被麻醉了，或者说仅仅是腿的部分无法正常运动。

这种状况，并非完全失去活动力。究其原因，是否在于猎物神经系统有着某种特殊安排；或者是膜翅目昆虫仅仅蜇了一下，并非像蟋蟀的捕猎者那样，毫无同情心地对猎物胸部的每个神经节都蜇刺呢？这些问题，我不知道答案。

尽管猎获物还能够抖动、抽搐，还能够活动——虽然不够协调；但是，在目前的情况下，它不可能对以它为食的幼虫造成什么危害。

曾几何时，我把距螽从朗格多克飞蝗泥蜂窝里取出来——这距螽如同刚刚被半麻醉时一样有力地挣扎着；而孵出来还没有到几小时的软弱的小幼虫，依旧能够非常安全地用牙齿攻击这个庞然大物。简直就是矮小的侏儒毫无风险地啃食巨人。

之所以没有危险，都得归功于母亲对产卵点的优选。我曾经提到过，黄翅飞蝗泥蜂将卵产在蟋蟀的胸部，在第一对腿和第二对腿中间靠边一点的地方。白边飞蝗泥蜂选择的蜇刺点也大致与之相同。朗格多克飞蝗泥蜂则有点不一样，选择的产卵点稍稍往后退一点，靠近一条后大腿的根部。这种一致性有力地说明，这三种飞蝗泥蜂基本上都具有非同一般的本事，能够预先知道在哪里产卵最安全。

半麻醉状态的距螽，对放在它身上且无法自卫的幼虫没有危险。但是对于要把它运到住所去的朗格多克飞蝗泥蜂，未必没有危险。

首先，被猎获的对象几乎还能够使用跗节。因而在被拖运的路上，它会抓住一切可能遇到的草茎，导致搬运时产生难以克服的阻力。

已经被重负压得疲惫不堪的飞蝗泥蜂，一旦遇到草木茂盛的地方就会被折磨得心力交瘁。它甚至可能因猎物死死抓住一切可以抓住的东西不放，最终只好绝望地放弃到手的猎物。而这还只是最微不足道的麻烦而已。

距螽的大颚仍然可以使用，而且它的咬力和平常没有两样。

当捕猎者处于搬运的姿势时，对着这恐怖的钳子的，恰恰是捕猎者纤细的身体。飞蝗泥蜂逮住猎物时所抓之处离其触须根部不远，肚子朝天的猎物那凶狠的嘴巴，正对着飞蝗泥蜂的胸部或者腹部。飞蝗泥蜂长长的腿傲然挺立着，它昂首奋力前行。我确信，它会非常注意，不被身下半张的大颚咬住。

倘若稍微疏忽，就是一失足成千古恨。任何一点不足挂齿的不小心，都会给这两把强悍的钳子提供残酷的机会，而这钳子肯定不会坐失报复的良机。

故而，并非在任何时候，但起码是在某些困难的情况下，必须让这些可怕的钳子无以为用，应当使腿上的钩子无法阻碍运输。

要怎么办，飞蝗泥蜂才能做到这些？它知道，在猎物的头颅下有一个环神经核，这就是猎物的神经中枢——只有这里发出命令，肌肉才会活动。它甚至知道，损坏这个神经，猎物的一切反抗就会停止——因为那只昆虫已经无法发出抵抗的指令。

至于说采用什么样的动手方式，对飞蝗泥蜂来讲，是再容易不过的事情。这时，要用的工具不再是蜇针。昆虫有着它们独有的智慧。它决定用强力按压的办法代替用毒刺。飞蝗泥蜂一旦发觉那猎获物抓住草茎在拼命反抗，就会停下步子，然后对猎物施行怪异的手术，如同给猎物致命一击，令其不再受罪似的。

这个膜翅目昆虫跨在猎物身上，拼命去扳猎物颈背处脖子的关节，将那关节大幅度扳开，用大颚死死咬住脖子，然后尽可能往前，在头颅下面搜索什么——但是在外部没留下任何伤口。随后，它干脆抓住对方脑神经节，不停地往下压迫。完成这个手术后，猎物就完全不会动弹了，也不可能再有任何的反抗了。

显然，这只猎手昆虫是用颚尖在头颅里搜寻并压迫脑子，同时还必须不去损伤纤细柔软的颈膜。整个过程，没有一丝血流出来，也没有伤口，有的不过是在体外使劲按压，仅此而已。

现在，让我来解释一下，飞蝗泥蜂为什么不用它的蜇针去伤害猎物脑部的神经节。在这个生命力的中心，只需注入一滴毒液，就可以令猎物全身丧失活动能力，死亡则会紧随而至。

但是，这个高明的猎手并不希望让猎物死去。幼虫不食用没有生命的猎物，不需要腐败的尸体。这个猎手需要的仅是一种麻木状态，一种暂时的昏睡，为的是在搬运时猎物不会制造不必要的麻烦。

它采取的方法，完全和生理学实验室里所使用的方法一样，也就是说，采用了压迫脑部的方法。只有这样，才能够取得上述效果。

剥开一个动物的脑袋，然后对其脑部施以重压，一瞬间就会使动物失去智力、意愿、敏感性、活动力。待停止压迫，一切又恢复原状。

如此这般，随着巧妙的压迫所产生的麻醉效果的消失，距螽能够恢复残存的生命力。头部神经受到大颚凶狠的按压，却并没有产生致命的挫伤，还能够逐渐恢复，结束昏昏沉沉的状态。我们不得不承认，这真是科学的最可怕之处！

在同等的条件下，受伤严重的昆虫与完好无损的昆虫相比较，存活的时间长四倍。由此可知，本来应是导致死亡的原因，事实上反而变成了延续生命的原因。

这种结果初看起来完全不合情理，却是再简单不过的事实。

完好无损的昆虫拼命挣扎，因此消耗大量体力；瘫痪的昆虫，各个部分的机体仅仅进行必要的微弱运动，却由于活动减弱而使体内能量得以相应节约。

前一种情况，昆虫身体器官因运动量大而导致磨损。后一种情况，器官因获得休息而得以保存。由于没有食物弥补体内能量的损失，能够运动的昆虫，在四天内，会因体内储存的营养耗尽而死去。不能动弹的昆虫也不会消耗养分，因此过十八天才会死去。

生理学理论告诉我们，生命是不断地被破坏的过程——飞蝗泥蜂的猎物，给我们提供了最佳证明。

本能的无知

刚才,飞蝗泥蜂向我们证明,在无意识的启发下——依靠本能——它的行动是多么精准无误,技术是多么卓尔不群。现在,它将向我们证明,当哪怕稍微偏离已经习惯的道路时,它又是多么缺乏方法,它的智慧又是多么受到局限,它甚至还是多么没有逻辑。这其实是本能的才干所具有的特征。这构成一种令人称奇的矛盾:高深的技能与同样高深的无知,两者合二为一。

出于本能,不管遇到多大的困难,无论如何都有办法解决。蜜蜂在建造六角形的蜂房时——六边形由三个菱形构成——异常精确地化解了最大值和最小值这些复杂的问题。这些问题倘若让人类来解决,就需要使用非常高深的代数学。

膜翅目昆虫由于幼虫以猎获的食物为生,它们在谋杀术方面能够运用的手段,就算是对最绝妙的解剖学和生理学非常精通的人,也没办法与之比试高低。

只要行为没有超越动物所掌握的不变的循环,出于本能,没有什么事情是困难的。同样,如果超出了通常遵循的规则,出于本能,则没有什么事情是容易的。

令我们赞叹、让我们惊骇的是昆虫高明的头脑。但是,用不了多久,面对最简单且有别于它们通常经历的事情,它们的愚蠢又会令我们非常吃惊。飞蝗泥蜂就可以给我们提供这样的证明。

飞蝗泥蜂在细沙里筑巢穴,或者说是将天然隐蔽所筑在尘土中。巢穴里的过道非常短,长度只有一两寸,没有任何拐弯,直接通到仅有的那间椭圆形的宽敞房间里。

经过这番陈述之后,让我们来做些实验,看一看,如果我们给飞蝗泥蜂创造一些新环境,它又会有什么样的改变。

第一个实验。一只飞蝗泥蜂在离巢穴几寸远的地方，辛苦地拖运着猎物。我没去惊动它，而是悄悄用剪刀剪断了距螽的触角。大家已经知道,飞蝗泥蜂就是用这触角作为缰绳拉猎物的。

由于突然间拖着的重担减轻了，它会异常惊奇。飞蝗泥蜂立刻返回到猎物身边,它不假思索就去抓触角的底部,也就是被剪刀剪过之后残留的那一小截。

残留的触角实在太短了,十毫米都不到。尽管如此,对飞蝗泥蜂来说,这点长度已经足够了。它咬住剩下的“缰绳”,又开始搬运。

为了不伤着泥蜂，我尽可能小心翼翼地再去剪那两段触角的残余,这一回,我紧贴着头顶盖去剪。

这一次,飞蝗泥蜂在触角的根部找不到可以抓的东西,只好抓起猎物长触须中的一根,继续进行拖运。它对于“拉车”方式的改变,居然丝毫没有觉得有什么奇怪之处。这种改变,我也必须让它察觉不到。

这一次,猎物终于被带到了窝里,头被摆放在洞口。膜翅目昆虫独自走了进去,在储存食物之前,它要对蜂房内部做一个简短的巡视。

这场面，让人不由得一下子想起黄翅飞蝗泥蜂同样的举措。

利用这个短暂的有利机会，我抓起放在洞口的猎物，剪掉了它所有的触须，并把它放得远一点——距离洞口有一步远的地方。

飞蝗泥蜂又回到了洞口。它发现猎物在巢穴的门槛外，于是径直朝猎物奔过去。它惊恐地在猎物的头部上面找找，下面找找，侧面找找，却压根找不到可供下手之处。最后竟然做出一个绝望的举动：它把大颚张得非常大，祈望能够咬住距螽的头。可惜，它那虚张声势的钳子张开度不够大，根本不可能夹住如此大的东西，钳子在圆滚而又光滑的头颅上打滑。它这样重复了好多次，却一直失败。最终，它确信自己做的一切都是白费劲。它沮丧地离开，看起来已经放弃再做努力了。

其实除了触角和触须之外，距螽还有别的部位，很容易被抓住和供拖走。距螽有产卵管和六条腿。但是，这些器官都太小了，无法咬住，因而无法作为“拉车”的“绳子”。我确信，储存食物时，拽着触角，先把头拖进洞里去，这时是最合适的状态；拉着一条腿，特别是前腿，猎物仍然可以轻而易举地被拖进去——因为洞口很宽，过道又非常短，甚至有的巢穴根本就没有过道。

可是，飞蝗泥蜂为什么一次都没有去尝试抓住六个跗节中的一个，或是抓住产卵管的前端部？相反，它却想方设法尝试去做不可能做到的事情，去做荒谬无比的事情，非要用它那极短的大颚去咬猎物那硕大无朋的脑壳呢？难道它没有经过严密的思考吗？看来，我们必须出手设法提醒它了。

我将距螽的一条腿，或把它腹部的那把刀，直接放在飞蝗泥蜂粗壮的大颚下,希望它能够明白我的良苦用心。

但是,这只飞蝗泥蜂顽固异常,就是不去咬那些部位。虽然我一再引导它,但是均毫无效果。飞蝗泥蜂没有再去碰猎物的触角,也没有想到去抓住猎物的腿——它完全一副束手无策的样子。

这个猎手现在的表现实在是奇怪！大概是因为我出现在那儿,以及发生的这些一反常态的事情,搅乱了它大脑的思维吧。

我们就让飞蝗泥蜂独自和它的猎物一块待在洞口吧。让它处在无人打扰的情况下,能够安安静静地思考,想出解决问题的办法吧。

因此,我不再对飞蝗泥蜂施以援手,离开了这个可怜的家伙。

过了两小时,我又回到原处。这时,飞蝗泥蜂已经不在那里,洞口大开着,那只距螽仍旧躺在那个地方。

由此我们能够得到这样的结论:这只冥顽不化的膜翅目昆虫,压根就试都没试过一下——它彻底放弃了,带着痛苦走了,把一切——巢穴和猎获的食物——都干干脆脆地给扔掉了。

其实,它只需轻轻松松抓住猎物的一条腿,一切就归它所有了。

起初,这种昆虫以高明的技能令我们目瞪口呆——因为它竟然知道压迫猎物的大脑以使之昏迷。然而,面对超出习惯的再简单不过的事情,它的表现便愚蠢到令人难以想象。

它是如此擅长使用蜇针攻击猎物前胸的神经节,知道使用大颚压迫其脑神经节。带毒的蜇针能让神经的生命力永远消失,压迫脑神经节却只能导致暂时昏迷——它应该能够分辨得很清楚;可它根本不知道,假如在某个部位无法抓住猎物,其实可以去抓别的部位。

它压根不明白,完全可以不抓触须,而去拖腿。它仅仅知道,搬运猎物需要其触须或头上别的丝状物——触角。如果没有这些，它的种族便会彻底从地球上消失，因为它们不知道如何解决这么小的困难。

第二个实验。膜翅目昆虫已经在巢穴里储存好了食物，也产下了卵，并忙乱地把洞口封住。

它倒退着用前跗节在门口打扫，把一缕缕尘土抛到隐蔽所门外。这个完美的清洁工，动作果断敏捷，尘土从它肚子底下飞射出去，在半空中形成抛物线一般的网，和液体一样连续不断。

飞蝗泥蜂不断地用大颚挑选出几粒沙石插入土块里，然后用头去顶、用大颚去挤压，把它们垒砌起来。

砌起来这道墙之后，洞口的门很快就会被封闭起来。

我在它施工的过程中进去干预。我挪走了飞蝗泥蜂，小心翼翼地用刀清扫那条短过道，把封门的材料拿走，恢复蜂房与外部的连通。

然后，在没有搞坏建筑物的情况下，我用镊子从蜂房里把距螽取出来。当时，距螽的头部搁置在窝的尽头，产卵管搁置在门口。膜翅目昆虫的卵，和通常一样，产在牺牲品的胸部——也就是一条后腿的根部。这种情况表明，膜翅目昆虫对巢穴业已完成最后的加工，准备以后永远不回来。

完成了这些举措，并且把拿出来的猎物稳妥地放进盒子里之后，我把巢穴重新让给飞蝗泥蜂。在它的家被我如此“洗劫”的过程中，飞蝗泥蜂一直待在一边静静地注视着。

现在，它发现门又打开了，就急急地走了进去，在里面停留了一会儿工夫，就又出来了，继续进行被我打断的工作。它兢兢业业地堵在蜂房的门口，重新倒退着扫地，运沙粒，自始至终精益求精地堆砌着，犹如在干着一项伟大的工程。

门又一次被封堵上了，昆虫撣撣身上的尘土，对它完成的作品好像很满意似的看了一眼，然后放心大胆地飞走了。

当被“抢劫”过的飞蝗泥蜂重新进入它的窝里时，它竟会如此镇定地查看已经一无所有的蜂房。据它当时的表现，它似乎压根没有发现，刚才还拥塞在蜂房里的庞然大物，业已消失得无影无踪。

那么，它为何还那般愚蠢地去封门，那么郑重其事地封闭已然搬空、以后也无须再放进食物的窝呢？昆虫的各种行为，看起来是命中注定互相关联的。

因为刚刚完成某项工作，因此与之关联的另一项工作就必须去做，以便对前面完成的工作进行必需的补充，或者是为补充前一项工作预备好通道。

这两项行动，相互之间紧密依存，乃至做完第一件工作，就必须做第二件，即便出于某种偶然的原因，第二件事业已变得不仅不合宜，而且还会损坏自己的利益。

正常的情况下，飞蝗泥蜂的工作顺序是捕捉猎物、产卵、把窝封住。现在，捕猎这个过程已经完成了——即使我从蜂房里抽走猎物也没有关系，反正都是一样——卵也已经产过了，最后剩下的，就只有把窝封起来。

对于这个昆虫来说，事情就是这样的，它没有任何自己的思考，也根本不会怀疑现在所做的一切是否劳而无功。

第十一章　砂泥蜂

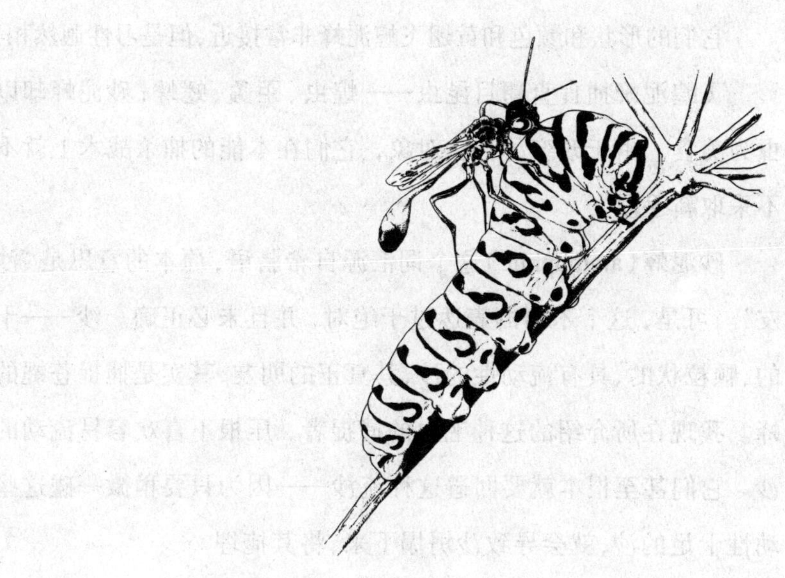

惊人的记忆力

身材苗条，体态优美；腹部的末端异常细而窄，犹如一根细线般系在身体上；身着黑色的服装，肚子上装饰着红色披巾。这就是对砂泥蜂体貌特征的概括。

它们的形状和颜色和黄翅飞蝗泥蜂非常接近，但是习性迥然相异。

飞蝗泥蜂捕食直翅目昆虫——蝗虫、距螽、蟋蟀；砂泥蜂却以毛虫为美食。由于改变了猎食对象，它们在本能的捕杀战术上就不得不采取新手段。

砂泥蜂（ammophile）这个词汇源自希腊语，原本的意思是“沙之友”。可是，这个术语的表达过于绝对，并且未必正确。沙——干燥的、颗粒状的、具有流动性的沙，其真正的朋友，其实是捕捉苍蝇的泥蜂。我现在所介绍的这种毛虫的捕捉者，压根不喜欢容易流动的纯沙。它们甚至根本就要回避这种流沙——因为只要稍微一碰这些流动性十足的沙，就会导致沙坍塌下来，将其掩埋。

把食物和卵放进蜂房前，它们的竖井必须一直保持畅行无碍。因此，挖掘竖井的地方必须很坚实，否则一旦发生塌方，井还没有挖通，就被堵塞了。它们需要的是易于开掘的松土，那里的沙土用一点黏土和石灰就能粘得牢牢的。

在一些合意的地方，到了春天，四月初的时候，就会出现毛刺砂泥蜂。九十月份到来时，则可以找到沙地砂泥蜂、银色砂泥蜂和柔丝砂泥蜂。

在这里，我对这四种砂泥蜂所提供的资讯进行一个综述。

这四种砂泥蜂的地下宫殿，其实都是一个上下垂直的洞，和人类打的井类似。不过它们的“井”，内径最多只有一根粗鹅毛管的粗细，深度大约有半分米。井的底部就是蜂房；这种蜂房一直以来就只有一间，空间比进入蜂房的竖井稍大一点。总之，这个住所一点都不起眼，用不了多少精力就可一气呵成；幼虫在里面御寒过冬，其实靠的是像黄翅飞蝗泥蜂一样的、有四层壳的茧。

砂泥蜂安详宁静、不紧不慢地独自进行挖掘，它没有表现出对劳动应有的热情和快乐。它的前跗节是它的耙子，而它的大颚则是它的挖掘工具。

一旦它遇到一颗难拔出来的沙砾，我们便能够听到井底响起尖锐的沙沙声——那是昆虫翅膀和整个身体振动发出来的，听上去就好像它在使劲呐喊。没过多长时间，它爬到了地面上，牙齿费力地咬着一粒挖出来的沙砾。它腾空飞起，把那讨厌的沙砾扔到远一些的地方，以免阻塞施工道路。

在它清理出来的沙砾中，有些形状和体积特殊而值得关注——因为砂泥蜂没有像对待一般的沙砾那样，把它们扔到远离工地的地方，而是直接搬运到井边。这些明显属于优质材料——这些现成的砾石，以后可以用来封闭洞口。

外部工程进行得如此谨慎且异常细致。砂泥蜂高高翘起身体，腹部挂在一条长肉茎的末端。它在翻转身体时，不得不整个掉头，活生生就像将一条线绳的一头固定住，而让另一头转起来那样精确。

如果需要把碍事的碎屑扔到远处，它就会静默无声地、一小块一小块地扔，基本上是倒退着去扔。砂泥蜂的头，总是最后从井里出来。它之所以这么做，应该是为了避免翻转身体——那样会浪费太多的时间。

住宅挖好了。

一到了晚上——甚至是在太阳刚照不到洞口时，砂泥蜂就会去"巡视"它在挖掘中存下来的那堆小砾石，从中选出一块中意的石子。

假若在那里没能找到满意的石子，它就会到附近去寻找，一般很快就能找到。被它看中的是一块平的小石头，直径比井口要大一点儿。

它用强壮的大颚把这块小石板搬运回来，暂时盖在洞口上。这扇实心门，能够保护它的住所不受到侵犯。等到了明天，当温暖的阳光照到斜坡上，便于捕猎时，昆虫完全可以找到它的窝。

它咬着已经麻痹的毛虫颈子上的皮，用腿努力地把毛虫拖回到洞口来。

它有力地掀开石板（这石板和洞口周围的小石子并没有什么不同，但它知道区别在哪儿），将这猎获物放入井底，然后再产卵。直到把附近的残屑扫进竖井里，才最后把隐蔽所永远地封闭起来。

昆虫的记忆力真令人叹为观止。

倘若它工作干得太晚，就会把剩余的工作放到第二天做。不过，它没有在刚挖出来的隐蔽所里过夜——与此相反，它放弃了这个新住所。它搬来一块小石头盖住井口，然后径直离开了。

它对这里并不熟悉，也不可能更了解其他的地方。砂泥蜂和朗格多克飞蝗泥蜂一样，走到哪里，就随意地把卵产在哪里。

假如它很偶然地走到某处地方，对那里的土壤很中意，就干脆在那儿打洞。

而现在，昆虫却毫无遗憾地走了——它到哪儿去了呢？没有任何人能够知道……胡蜂能够返回它的巢穴，蜜蜂能够返回它的蜂箱，这些我并不觉得有什么令人惊讶之处。

胡蜂的巢穴和蜜蜂的蜂箱都属于永久性的住宅。由于长期经常性地来来回回，它们都很熟悉路径。但是，砂泥蜂在离开那么久之后，必须再次回到地穴去——可它对这地方完全陌生。它挖出来的竖井，位于它昨天到过的，而且还是第一次到过的地方，而今天它便必须返回那里。但是，它现在根本分不清东南西北，更何况还有沉重的猎物拖累它。

可是，让人意料不到的是，它对于那儿的地形能够记得清清楚楚，有时精确得让我不由得夸赞。昆虫径直奔向地穴，没有任何的犹疑，那条小路它仿佛已经走过很多次似的。

有时它可能会犹豫难决，反复搜寻很多次。如果这个问题非常严重，猎获物会对匆匆忙忙地搜索造成重负；于是它将猎物放在高处——或是放到一簇百里香上，或放到一束稻草上，过一会儿回来时能够一眼就看见。如此一来，砂泥蜂就能轻装上阵，继续努力地搜寻。

已经找到竖井了，石板也被掀开了，现在首要的是尽快到毛虫那儿去。

昆虫为了找到它的窝，如果翻来覆去走了很多趟，想再回到毛虫那里肯定会大费周章。

虽然砂泥蜂将猎物放到了方便看到的地方，但是当它准备把猎物拖到住所去时，再去找这猎物还是会遇到麻烦。因而，一旦花了太多的时间寻找住所，它便会突然间中断这个过程，返回毛虫那里，不放心地轻轻抚摩一下，再咬上一咬，似乎是为了证实一下它的猎物、它的财产仍旧在那儿。之后，这个家伙就又急如风火地奔走搜寻。过了一会儿，它又一次放弃搜索，再去看看猎物，然后开始第三次的搜索。

我认为，它这样三番五次返回毛虫处，是强化记忆存放地点的一个最佳办法。

砂泥蜂幼虫的口粮

这四种砂泥蜂为它们的幼虫所准备的口粮，基本上都是夜蛾的毛虫。柔丝砂泥蜂选择的毛虫一般长而细，依靠身体的弓缩和伸直行走。由于这种毛虫走路时像圆规似的一开一合，所以人们称其为量地虫。柔丝砂泥蜂的幼虫，通常需要五条毛虫作为食物。

另外三种砂泥蜂只需要给每个幼虫准备一只毛虫。不过，这些毛虫必须以体积来弥补数量的不足。猎物必须肥胖丰满，能够充分填满幼虫的胃。

我曾经从沙地砂泥蜂的嘴里，毫不客气地夺走了一只毛虫——这毛虫体重比猎手重十五倍。

十五倍呀！我们只需设想一下，猎手咬着这猎物颈部的皮，努力克服运输道路中的千难万险拖运，这一过程得费多么大的精力，就会明白这绝对是个惊人的数字。

砂泥蜂采取了什么技巧制服猎物，又是如何为了保证幼虫的安全而使其无法作恶呢？

它所捕获的猎物，在机体上与我们所见过的牺牲品——吉丁、象虫、蝗虫、距螽——完全不同。

毛虫的身体，由一组类似的环或节段构成。其中，真正的脚位于头三个环。这些脚会变成夜蛾的脚。

其他的环，有膜状的脚，或者应该算是假脚。这些脚只有毛虫才有，夜蛾则根本不会有。

剩下的环则根本就没有脚。

每个环都有神经核，或称为神经节，那是产生感觉和发出动作的中枢。如果不包括位于头颅里类似大脑的神经圈，那么，神经分布系统就有十二个各自不同的中心，这些中心彼此都是分隔开来的。

在这一点上，象虫和吉丁则有所不同。象虫和吉丁的神经非常集中，只要刺一下就会导致其全身麻醉。这也跟飞蝗泥蜂刺伤蟋蟀的情况大不相同：蟋蟀是胸部神经节一个个被刺伤，导致丧失活动能力。

夜蛾的毛虫，并非只有一个神经集中点，也没有三个神经中枢，而是有着十二个神经节——这十二个神经节因环节相隔，而彼此分隔开来。这些神经节全部位于腹部，位于身体的中线，如同念珠一般排列。

如果毛虫的一个环节失去了活动能力和敏感性，其他的环节还保持完好，那么在很长时间之内它仍然可以活动自如，仍然有感觉。这些情况，完全证明了这种膜翅目昆虫面对猎物时所采取的猎捕技巧，具有高度的研究价值。

曾经有两次，我亲眼看见了砂泥蜂残害毛虫的过程。这个过程虽然非常快，我却还是看清楚了，砂泥蜂的蜇针是如何刺中猎物的第五或者第六节段的，并且，只刺了那么一下就大功告成了。

砂泥蜂的卵一成不变地产在毛虫失去知觉的那个环上。在这个部位，并且只能是在这个部位，小幼虫可以放肆地啃食猎物，却不会导致猎物扭动身体而使自己受伤害。

就在这个部位，毒针蜇刺不会导致猎物产生任何反应，幼虫啮咬也不会导致它产生任何反应。就这样，猎获物一直纹丝不动。直到最后，幼虫力气增大到可以直接攻击猎物，它都没有任何危险。

对于一些身材矮小的毛虫，只需要蜇刺一下，它就失去了伤害能力。但是沙地砂泥蜂，特别是毛刺砂泥蜂所捕获的猎物，其身体非常大——我前面说过，重量可达猎人的十五倍。处理这种庞大的猎物，和处理纤弱的量地虫，可否采用一样的方法呢？

降服这种体积庞大的猎物，令其不能伤害幼虫，仅仅刺一针就足够了吗？假如这令人生畏的灰色毛虫用粗壮的臀部撞击蜂房的墙壁，会不会危及卵或者小幼虫呢？我曾经看见过砂泥蜂用手术刀给这种孔武有力的毛虫动手术。

砂泥蜂耐着性子扒开百里香根茎处的土，拔出细细的侧茎，脑袋拱到掀起来的小土块下面。

一条肥头大耳的灰色毛虫不知道头顶上正在发生什么事，它听着动静，心里忐忑不安。与此同时，砂泥蜂对它的追捕已经越来越近。因此，毛虫下定决心离开地下室到地面上去。

就是这个在慌乱中做出的决定，令它丢了性命。搜寻中的猎手猛然扑上来，一下子抓住了它后颈的皮，无论它如何挣扎，猎手都牢牢地抓住不肯松开。

砂泥蜂骑坐在这庞然大物的背上，骄傲地翘起腹部，如同一个对患者的解剖学结构了然于心的外科大夫一样，有板有眼、慢条斯理地，把手术刀对准受害者的腹部,从第一节段开始,一直到最后一个节段都刺了一下。没有哪一个环节能够逃过一劫;无论这环节上有没有脚,都必须狠狠地来一针。而且这个过程非常有次序,从前到后一顺刺下来。

这个膜翅目昆虫的手术动作如此精准,以至估计科学家看见,都会心生嫉妒。它知道的事情,人类可能永远无从知晓。它对猎物完整的神经器官知道得清清楚楚。毛虫身体上有多少个神经节,它就会刺进去多少次。

其实,这个貌似超越科学家的昆虫,根本就不知道自己在做什么,仅仅是造物主赋予的本能在推动着它。

第十二章　圆网蛛

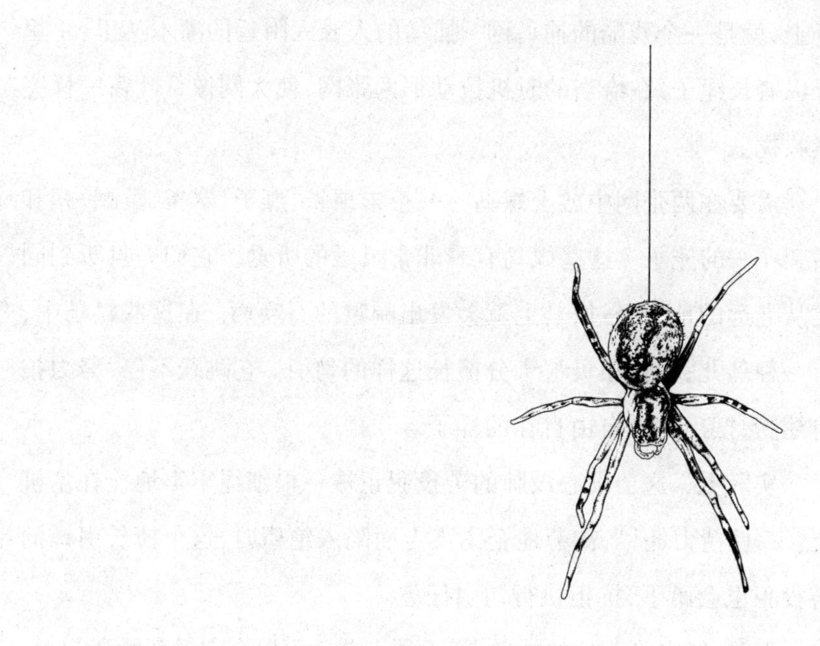

圆网蛛的结网

捕鸟网是人类所创造的一种精巧而卑鄙的手段。网绳，小木桩，加上四根木棍，挂上两张土褐色的大网，一左一右，放在光秃秃的空场上，就是一个残酷的捕鸟网。捕鸟的人躲入附近的灌木丛里，手里操纵着长绳子，在恰当的时机拉动那两张网，使大网像百叶窗一样突然收拢。

需要在两张网中放上媒鸟——小朱顶雀、燕子、翠雀、黄鹂、鹀和雪鹀——的笼子。这些媒鸟有着非常灵敏的听觉。它们一旦听到同类从老远的地方经过，马上就会发出啁啾的召唤声。在这些媒鸟中，有一种鸟儿，叫作桑贝[1]，十分擅长这样的勾引。它跳跃不停，努力拍打翅膀，摆出一副自由自在的样子。

实际上，这个没心没肺的苦役犯正被一根细绳牢牢地拴在木桩上。一旦精力耗尽，徒劳地企图飞走而陷入绝望时，这个擅长引诱的苦役犯也会趴下，抗拒执行勾引任务。

但是，躲在隐蔽处的捕鸟者，无须上前就可以令它重新跳腾起来。

---

① 桑贝：原文为Sambé，此处系译音。

那根长绳子连动着枢轴上的活动吊杆，这只小鸟经常被这要命的鬼东西掀动，扑腾起来，又直直地掉下去。绳子每牵扯一下，它就被迫飞一下。

金秋季节的上午，温暖的阳光洒下来，捕鸟者在耐心地等待着。

突然，那个陷阱里一阵骚动。燕雀一声声准确地发出召唤："乒碚！乒碚！"半空中，它们有新伙伴飞过来了。这些没有头脑的家伙终于来了。它们降落了，就降落在那危机重重的空地上！埋伏者迅猛地用力一拉绳子，网以迅雷不及掩耳之势关上了——所有被召唤来的鸟，被一并擒获了。

要知道，人类的血管里流淌的，其实是猛兽的血。捕鸟者立即会毫不怜悯地冲过去开始大屠杀。他用大拇指使劲压迫囚俘的心脏，将它憋死，之后打开它的脑袋，用绳穿过它们的鼻孔，一串十二只，直接拿到市场上去卖。

就手段之卑鄙巧妙，圆网蛛的网完全可和捕鸟者的网媲美。

如果静下心来仔细研究，我们能够找到这张高度完美的蛛网的主要特点。从网的完美程度来看，它已经超过了人类。

为了能吃到几只苍蝇，居然需要这般卓越奇妙的技术啊！在任何地方，还没有哪类昆虫会出于吃的需要而创造出比这更巧妙的办法。各位读者如果耐心地读了下面的叙述，肯定会同意我的评语。

首先，观察结网的情况是非常必要的。必须反复观察，以搞明白它是如何建筑的。因为面对如此复杂的建筑物的施工说明书，必须一个部分一个部分地分开阅读。今天观察一个细节，明天再接着观察第二个细节，它们能够不断提供给我们新的知识；一旦观察的次数

多起来，每一次，某项事实、某个观点就能够得以证实；或我们事先不做任何预设，着手研究问题，那么就能够极大地丰富我们的知识。

虽然每滚动一次只沾上非常薄的一层雪，但是雪球还是越滚越大。进行科学观察，所获得的真理也同此理。

真理就是这样，需要付出极大的耐心，一点一滴地聚沙成塔；而这点点滴滴的收获，却需要花费大量工夫。不过，令人感到欣慰的是，取得这样的收获，起码不必跑到远处去盲目地撞大运。在附近，就算是最小的花园，都有纺织高手——圆网蛛出没。

在我那个荒石园里，我已经精心备下了最有名的几种圆网蛛。我对其中的六种进行了仔细观察。这六种圆网蛛体型庞大，个顶个都是才华卓著的纺织姑娘。它们分别是：彩带蛛、丝蛛、角形蛛、苍白色蛛、冠冕蛛和漏斗蛛。

在天气晴好的日子里，随便在哪个时间段，我都可以随心所欲地进行观察，密切关注它们的工作。有时是观察这一只，有时则是观察那一只。到底选择哪只进行观察，要根据当天的具体情况来决定。如果前一天没有看完整，我可以选择在第二天，或者在以后随便哪一天，在更有利的条件下再次进行观察，直到彻底搞清楚所研究的事情为止。

每天傍晚时，让我们从一株迷迭香走到另一株迷迭香，一步步地顺着花径边走边看吧。如果时间拉得太长，我们也可以在灌木丛下坐一会儿，在太阳光能够照到的地方，面对着“纺织姑娘”们的“工厂”，废寝忘食地仔细观察。每兜上这么一圈，我都能够获得某个以前没有发现的细节，不断填补我们原有昆虫理论中的某个空白点。

对这六种圆网蛛，除了某些细节之外，实验步骤无须再重复进行——这些细节，过会儿我会细细陈述。这六种蛛的工作方法大同小异，织出的网也非常相似。所以，我只对各种圆网蛛的共同点综述如下。

我选择的观察对象，是跟秋末冬初时相比差很远的、不太肥壮的小圆网蛛。它的肚子——也就是丝袋，其体积和梨子的种子一般大。

不过，我们千万不能因为这个"纺织姑娘"这么矮小，就低估它们的织网能力。它们在这方面的才华，并非与日俱增的。某些发育完全的，虽然个头庞大，在织网方面确实还不如它们呢！

除此之外，观察者还发现小圆网蛛有一个宝贵的优点：它们在白天工作，甚至就在阳光下工作——老圆网蛛仅仅在夜间，并且是很晚的时候才开始织网。前者大大方方地把"纺织厂"的各种秘密展示给我们，而后者却躲躲掩掩地要把秘密全部掩盖起来。

到了七月底，在太阳即将下山前的两小时，它们开始了工作。

这时，荒石园里的"纺织姑娘"从白天的隐蔽所里出来，开始选择开展工作的地点。它们有的选中这儿，有的选定那儿，然后就热火朝天地干了起来。它们为数众多，我完全可以从中选出合意的。

让我们停留在这只圆网蛛面前吧，它正埋头苦干，给自己的建筑物奠基呢。没有什么明确的顺序，在迷迭香的绿篱笆上，在大拇指到小指间一般长度的范围内，它忙碌地从枝丫的一端到另一端跑个不停，用后步足上的剥棉梳从丝袋里拉出一根丝固定在枝丫上面。

在这项预备性的工作上，根本不存在任何事先精心安排的计划。它热情满怀地，似乎又漫不经心地来回忙乎着。它攀上去爬下来，再一次攀上去又爬下来，用多道丝线对那些分散系着的点加固。一番辛苦的忙碌之后，做出来的却是一个杂乱无章的、难看的框架。

应该指手画脚地评判这工程杂乱无章吗？或许不应该。

要知道，对此类事情，圆网蛛比我们更在行。它完全可以分辨工地的总体布局，然后依照这个布局，用绳索织出建筑物。

这个建筑物，在我眼里毫无规则，却和蜘蛛的计划非常符合。

圆网蛛需要的是什么呢？就是一个能够把网固定住的框架。它不久前才建造完成的框架，恰好符合要求。这个框架，框定了一块可自由通行的垂直空地。而这，恰恰就是它所需要的一切。

不过，这个框架存在的时间非常短；每到傍晚时分，都必须进行彻底翻修。因为被捕猎的对象能在一夜之间毁掉它——这种蛛网比较脆弱，经不起猎物绝望的挣扎。它和成年圆网蛛的网不同。成年圆网蛛的网由牢固的丝编成，能保持较长时间。故此，圆网蛛还需要更加努力，建好网的框架。这一点，我们在下面就会观察到。

一根专门的丝桥，横穿过这爿框定出来的空地。这是这种网络的第一个部件。这根颤悠悠晃动的长丝和妨碍它延伸的枝丫隔开了一段距离，从而可以和其他的丝分开。

在这根长丝的中部，肯定能够看到一个大白点——它是未来立在建筑中心的标杆，是指引圆网蛛按部就班工作的基准点。这个基准点指引圆网蛛在混乱的工程中，能够有条不紊地开展工作。

到了织网的时刻。蜘蛛从那个白色基准点出发，靠着那根横穿的丝桥，快速到达周边，即围着空地的那个不规则的"框架"。之后，它又猛然跳起来，从周边回到中心。它一刻不停，来来回回走动，忽而往左忽而往右，忽而上去忽而下来。它上升，下落，又上升，又下落，穿过的斜角几乎让人完全想不到，但是最后都返回中心点的标杆上。

每每这样走一次，它就拉出一条“辐射丝”。忽而这里，忽而那里。总之，在我们眼里，整个过程完全是杂乱无序的。

这种织网作业完全是随心所欲进行的。因此，对观察者来说，必须一点都不能松懈；只有这样，最后才可能看出个究竟。

蜘蛛通过业已织就的辐射丝到达空地的边缘，在那里把丝牢牢地固定在框架上，然后再从来时的原路返回中心点。

这种往返折线式的行程中所产生出来的丝，有一部分是绕在框架上的。这种丝线，与周边到中心点的距离相比要长得多。

回到中心基准点之后，它就开始着手调整线的长度，根据合适的长度拉线；把线固定住之后，再将多余的线，都集中到中心基准点上。

每次拉出一根辐射丝之后，都会对多余的部分做同样的处理。如此一来，导致整个基准点越变越大——最初是一个点，最后成了一个丝线球，甚至可能变成有一定体积的小坐垫。

过一会儿工夫我们就能够看见，蜘蛛表现得如同一个克勤克俭的家庭主妇，把这个存放节余线头的小坐垫变成什么样子。眼下我们能够看到的是，每铺一根辐射丝后，圆网蛛都会用步足加工小坐垫，用小爪调整坐垫的位置，将其进行黏合。

这种勤勤恳恳的精神完全吸引住了我们的目光。通过这番工作，它将所有的辐射丝固定在共同的支持物上，形成的形状就像车轮的毂。

最终织出来的建筑物所具有的规则性好像在向我们证实：这些辐射丝并非杂乱无序的，而完全是按照先后顺序编织出来的；并且它们之间的空距越织越近，每根都紧挨着邻近的那根。虽然它最初编织出的效果看似杂乱无章,事实却说明它如此的行为非常合理。

在一个方向拉起来几根辐射丝后,圆网蛛就会跑到对面,从相反的方向也拉起来几根辐射丝。这种看似随意的改变方向,其实非常符合逻辑。这说明,在让绳索得以平衡方面,蜘蛛是非常精通的。

假如绳索一直都处于同一个方向,那么这组辐射丝就会因为缺少对抗性的辐射丝,受张力影响而变形;甚至会由于缺乏稳定的依托,而使整个工程毁坏。在继续铺设工作前,完全有必要先铺一组反向的辐射丝。朝向一个方向紧绷的系统,必须存在另一个相反方向紧绷的系统与之相抗衡。静力学就是如此教导我们的。蜘蛛完全可以被冠以绳索结网大师的名号。无须经过系统的学习,它所进行的实践就是这样的。

以为这种貌似杂乱无序的工作,必然产生混乱不堪的结果,这种想当然的看法是非常错误的。所有的辐射丝长度相等,构成一个非常规则的太阳图案。

不过,辐射丝的数量随圆网蛛种类的不同而不同。如角形蛛的蛛网辐射丝是二十一根,彩带蛛是三十二根,丝蛛则是四十二根。虽然这些数目并非百分百固定不变,但是很少有变化。

我们中有哪一个有此本领:不需要通过长时间的摸索或使用任何测量仪器,便能很快地将一个圆分成诸多开度相同的扇形面呢?

端着沉重的丝袋,圆网蛛在被风吹得摇来晃去的丝线上步履踉跄,却用不着那么小心谨慎,就将如此精妙的扇形平均划分好了。我们的几何学家批评它的方法近乎荒谬;可是,人家就是能用这么荒谬的方法进行划分,能用这么凌乱无序的方式井井有条地完成工作。

不过，我们无须过于夸大它的本领——因为这些看起来非常一致的角度，其实仅仅是大致相等而已。那些扇面看起来似乎合要求，但是经不起严格的测量。不过，数学的精确性用在这里，明显是多余的。对于它所取得的成绩，我们依然应该赞叹不已。

圆网蛛能够令人惊讶地成功处理如此困难的课题，它是如何做到的呢？这让我不得不再次思考、深度思考。

铺设辐射丝的工作终于大功告成。蜘蛛傲然地在中心区踞坐下来，歇息在最开始的那个基准点，那个由许多被切断的丝线头所织成的小坐垫上。

它又开始忙于一桩需要细心进行的工作：拉着一根非常细的丝线，仍旧从中心点出发，围绕着一根根辐射丝，编织密度更大的螺旋丝。在成年蜘蛛织成的蛛网上，这样编织出来的中心区大约有一个巴掌那么大；而在幼年蜘蛛的蛛网上，这种中心区却非常小。但是无论怎样，这样的中心区是必需的。我将这个中心区称为“休息区”，之所以起这个名字，后面再说。

之后，丝线开始不断地变粗。这一点，在第一根丝上几乎看不出来，但是到了第二根丝，就能够清晰地看到。蜘蛛迈开大步斜着走动，不断地改变位置。在转了几圈以后，它开始逐步脱离中心点，丝线被固定到穿过的辐射线上，最后到了框架的下边缘。

在这个过程中，它辛勤地画出一个螺旋圈，圈的宽度在飞快地增大。从一个圈到另一个圈，平均的距离是一分米。即使是幼年圆网蛛的网，也和这一样。提到“螺旋”这个字眼，很容易让人联想到一条曲线。不过，千万别误会——圆网蛛的网中，其实压根没有任何曲线，仅仅是直线与直线的组合。在这个网中，我们观察到的是多边形的一条条的线。这种线，被几何学列入曲线之内。

这种构成多边形的线，属于临时性的产品。待织成真正的捕虫网之后，这个临时性的产品注定会消失。我将这种多边形的线，称为“辅助螺旋线”。

使用这种丝是因为它能够提供横梁，提供织成的梯级。特别是在边缘部分，辐射丝彼此的距离相当远，非常需要可靠的支撑物。

这种丝还有一个作用——指引蜘蛛着手即将开始的非常微妙的工作。在这项微妙的工作开始之前，还需要进行最后一件事。

辐射丝所框定的空地非常不规则。之所以不规则，是因为作为支撑物的枝丫本身就不规则。在一些比较隐蔽的角落里，枝丫突出，相互挨得很拢，所要编织的网的次序因此而遭到破坏。圆网蛛需要的是一个合适的空间，可以让它按规则一步步地安放螺旋丝；此外，还不能留下任何太大的空隙，否则猎物就会乘隙逃脱。

对于这类道理，蜘蛛非常在行。很快，它就查出了这些隐蔽角落的疏漏。必须把这些漏洞填补完善！因此，它又开始忙碌起来，先是在一个方向，之后在另外一个方向，来来回回忙乎着。在这些疏漏的角落里，在支撑起辐射丝的枝丫上放上一根丝——在缺陷处的侧面边缘，这根丝会突然折弯两次，如同画出一道“之”字形的曲线。这曲线，和被称为“希腊方形”的回纹饰有些近似。

所有角落都已经织满了“之”字形的充填丝。现在，应该放手干最主要的事——编织捕虫网的时刻来到了！

对于这件大事来讲，其他的一切工作，仅仅是为其打基础而已。

圆网蛛紧紧抓住辐射丝和辅助螺旋丝的横档，冲着放置辅助螺旋丝相反的方向。它原本已经离开中心，现在则是向中心走近一些。它每走一趟，圈子就变密一些，数目同时也就多了一些。它从离框架不远的辅助螺旋丝的底部走起。

要观察圆网蛛在这之后的活动，则变得异常艰难。因为，蜘蛛的动作非同一般地迅速，非比寻常地急剧，而且非常不连贯。

它的行动，是一连串出乎意料的急速奔跑、摇摆、跳跃，导致你的目光应接不暇，看得人头晕眼花。只有付出坚持不懈的注意和不断反复的观察，才有可能稍稍搞明白一点它的工作进程。

两条后步足是它的纺织工具，它们不停歇地活动着。

依照这两条步足在这个纺织厂中的地位，我将圆网蛛走路时对着绕线中心的那一只称为内足，将绕线外面的那只称为外足。

外足将细细的丝从丝器中拉出来，递给内足；内足则以优雅的动作，把细丝放到穿越过的辐射丝上。在这同时，外足的责任是了解距离；它一把抓住已经放置好的最后那个圈，将丝线与辐射丝连接的那个点拉到合适的距离。丝线一碰到辐射丝，就自行黏结在辐射丝上了。整个过程，根本不允许存在慢条斯理的动作，连接处也无须任何的接头，“焊接”完全就是自动进行的。

当它转动身体——转身的幅度十分狭窄——“纺织姑娘”就可以接近刚才工作时作为依托的辅助横档。

最后，当这些横档相互之间距离太近时，它们就应该消失。因为横档严重妨碍了成果的匀称性。不得已，蜘蛛抓住一行梯级做支撑点不断前行，随着前进，收回那些已经没用的横档，将其聚拢成为一个小球，再放到下一根辐射丝的连接点上。

如此一来，就产生了一系列丝粒。这些丝粒，将已经消失的螺旋丝曾通过的路程勾勒了出来。被毁掉的丝线仅有的残余，就只有这些丝粒了，它们只有在光线恰好时才可以被分辨出来。如果不是这些丝粒分布得如此规则，规则到让你不由得想起那些业已消失的螺旋丝，我们很可能会把它们当作灰尘的微粒呢！

最后，整个网被毁掉，这些丝粒却仍然存在着，仍然能够被辨认出来。像这样，勤劳的蜘蛛一刻不停地转圈子，再转圈子，一直转圈子，不断接近中心，直到把丝线“焊接”在每根辐射丝上。

这个工程需要整整半个钟头的时间；成年蜘蛛甚至需要将一个钟头的时间，都花费在这种螺旋圈上。丝蛛的网大概有五十多圈，彩带蛛的网和角形蛛的网则有三十多圈。

在中心的一定距离之外，即被我称为休息区的边缘地带，到了最后阶段，蜘蛛会突然结束纺织螺旋圈的工作。可剩下的空间足够它再转上好几圈呢。片刻之后，我们就能知道它为何这样。

这时，无论是哪一种圆网蛛，也无论年幼还是年长，都会冲向中间处的那个小坐垫。它把那个小坐垫抽出来，并且卷成小球。

看到这一幕，我估计它们打算抛弃这个小球。

但是，事实根本不是我所设想的那样：圆网蛛天性节约，不可能如此挥霍。它把这个开始时是标杆，之后是一团丝球的小坐垫，吃进肚子里去了——它会把吞到丝库里的东西，放进消化器里去加以溶解。

这种吃下去的东西，肯定难以啃动，也很难被胃消化掉。可是，它毕竟如此宝贵，抛弃实在是很可惜的。

把小坐垫吃下肚去，标志着织网工作的完工。圆网蛛马上回到网的中心，稳稳地坐着，大头冲下，拉开一副等待猎物的架势。

刚才我们观察到的这个“纺织厂”的运作情况，使我们不由得想到很多。我们人类生来就习惯于使用右半部分身体。为什么存在这种司空见惯而又奇特的不对称现象，我们还不知道答案。

我们的右半个身子比左半个有力、灵活。这种明显的不对称现象尤其表现在手上。为了在语言上展示右手得天独厚的明显优势，人们使用“轻巧”“灵活”“敏捷”等字眼加以形容。

动物是不是也习惯使用右手，或者是习惯使用左手，或者无所谓左右呢？我们已经有幸观察过蟋蟀、螽斯，以及许许多多其他拉着琴弓的昆虫。这些昆虫的琴弓位于右鞘翅上，发声器官则位于左鞘翅。它们也都明显习惯使用身体的右半部分。

当我们仅用脚跟站立，原地旋转时，如果不是故意为之，我们一般都是以右脚跟为支撑点，从较壮实的身体右边转到较无力的左边。而带着螺壳的软体动物运行它们的蜗状物时，也几乎都是从右到左。

除了几种特例之外，在林林总总的水生动物和陆地动物中，基本上都是自右向左旋转的。因此，在二元结构的动物中，搞清楚哪些习惯于使用身体的右半部分，哪些习惯于使用左半部分，并非一件毫无意义的事情。

这种不对称，是不是自然界的普遍现象呢？是否存在某些中性动物，身体两侧同等灵敏、同等强壮呢？是的，答案是肯定的，确实存在这样的动物，而圆网蛛就属于其中之一。它有一种特性非常让人羡慕，那就是：它的左边身体和右边身体同样灵活。

下面所进行的现场观察能够证明这个观点。

为了成功架设捕捉猎物的螺旋丝，任何一只圆网蛛都能够从任何方向转动。我们通过坚持不懈的观察终于证明了这一点。但是，往哪个方向转是由什么决定的，这之中的奥秘，我们至今还不清楚。可是，一旦决定下来，就算是偶尔发生某些意外，扰乱它的工作进程，这个“纺织姑娘”也没有改变方向。

我就曾经见到以下的情况。一只小飞虫突然陷入织好的那一部分网中，蜘蛛会马上暂停手头的工作，跑向猎物。它将猎物捆绑起来，尔后又返回暂停作业的地方，依旧按照原来的顺序，继续忙忙碌碌地织它的螺旋丝。

刚开始工作时，圆网蛛忽而从这个方向转，忽而又朝着那个方向转；因此在向中心铺设螺旋丝时，它忽而用右边身子，忽而用左边身子。

但是我们在前面陈述过，圆网蛛一直使用后面的内步足——对着中心点的那只步足——进行织网。也就是说，面对某些情况，它是使用右步足来安放螺旋丝；而面对另外一些情况，它又是用左步足。

铺设螺旋丝的过程非常精细，必须严格保持相等的距离。蜘蛛的动作异常迅速，因而其身体的转动必须非常灵活。

任何一个观察者，看到它今天用左步足，明天换成右步足，而操作仍然精确，他肯定会深信不疑：圆网蛛属于左右手都十分灵活的卓越昆虫。

我的邻居圆网蛛

圆网蛛如此卓绝的才能，不会因年龄不同而发生变化。幼年的圆网蛛如何工作，积累了一年经验的老年圆网蛛也同样如何工作。在它们的商会里，没有徒弟与师傅之分别。

从铺设第一根丝开始，每只蜘蛛业已通晓它的职业。我们已经了解过新手的情况，现在就让我们再考察一下年长的，看看在年龄不断增长的前提下，造物主是否对它们提出更多的要求。

七月来临，在这个时节，我想看什么就能够看到什么。一天傍晚时分，暮霭沉沉，新搬来的居民在荒石园里的迷迭香上忙碌地编织着蛛网。我在门前溜达，发现了一只大腹便便、高傲靓丽的蜘蛛。

这是一个肥胖的妇人。通过观察，可以知道它于去年出生。它那八面威风的富态模样，在这个季节里应该是非常稀罕的。我认出来，它是角形蛛。它身着一袭灰色外衣，身体两侧还有两根暗色饰带，在衣服后部汇聚成尖状。它能够在短时间内从左右两侧把肚子胀鼓起来。这个出乎意料的邻居，正好成为我观察的对象。只要它的工作时间不是太晚，我都可以随时对它进行观察。

这是个好兆头：我观测到这个心宽体胖的妇人排出了一批丝。这正顺了我的心愿——我不用牺牲太多的睡眠时间。

果不其然，在七月一整个月，以及八月的大部分日子里，每天晚上八点到十点，我都能够追踪到织网的过程。每天夜里捕捉飞虫时，蛛网或多或少都有些毁坏；到第二天，由于网子破得太厉害了，就不得不重新编织。

在这两个炎热的月份里，当夜色降临，熬过炎热的白天，晚上生出一丝凉意时，我手里拿着提灯，能够轻而易举地追踪到这个邻居的各种作业。它置身在一排柏树和一丛月桂的中间，安然坐在非常适宜观察的高处，面孔对着那条夜蛾常常光临的狭窄小径。

这应该是一处非常理想的位置。因为在整个夏天里，虽然每天傍晚圆网蛛都要翻新自己的网，但是从来没有改变过位置。

在黄昏结束的时候，我们全家出动，准点去拜访这个邻居。

看见它在抖动不停的绳索上，有如此的勇气做出如此惊险的杂技动作时，所有大人小孩都不由自主地发出惊叹。它结成的网，也完全符合几何规则。我们对此啧啧称奇。在提灯灯光的照耀下，所有的这一切都在熠熠发光。蛛网在灯光下变成了美妙的圆花饰，如同月光编织成似的。

我们一次一次地把角形蛛的丰功伟绩记录下来。通过研究这些大事记，首先我们能够知道，构成建筑物框架的丝线是如何得到的。

圆网蛛整个白天都蜷缩着藏身于柏树的绿叶中；到了夜里大约八点的时候，它神态端庄地从隐居地踱出来，上到树杈的顶梢上。在这个高高在上的岗位上，第一步，它花费了一点时间，根据现场的具体情况安排计划，考察天气情况，了解夜里的天气是否依然晴朗。

紧接着，突然之间，它的八只步足伸得非常开，它把身体悬挂到从纺器里拉出来的丝桥上，如同垂直线一般坠下。就和搓绳工有规则地后退，为的是把绳子从麻里抽出来一样，圆网蛛用下坠的方式，抽出它的丝。它的体重成了抽丝的拉力。

但是这种下坠并没有因地球重力而加速，而是受到纺织器的调节。

它在下降的同时，或收缩、或扩张、或闭合纺织器的毛孔。这样一来，随着慢慢减缓速度，这条垂直而充满活力的丝便逐渐被拉长了。

手中的提灯，能够让我非常清楚地看到"秤砣"，但是并不能一直看到丝。这之后，这只肥头大耳的蜘蛛把步足在空中伸展开，似乎没有任何依托。这个"秤砣"到了距离地面两寸的地方会突然"刹车"，纺织器不再动作。

蜘蛛抓住刚刚拉出来的丝，回转身去，一边纺织，一边从原路往上爬回去。不过这一次，体重不可能给它提供帮助，它需要用别的方法拉丝：后面的两只步足交替着快速运行，从丝袋里将丝拉出来，又逐渐将丝抛弃掉。

蜘蛛回到了出发点，回到了离地两米多的高处。这时，它已经拥有一根双股丝，丝结成环柄的形状，在风中柔弱无力地飘荡着。

它将丝的一头牢牢固定在恰当的地方，等着另一端被风吹起来的时候，把环状柄粘到附近的细枝上。

或许要等很久，才有可能获得所期盼的结果。

显然圆网蛛还没有失去耐性，而我却已经等得失去耐心了，于是我决定帮助蜘蛛一下。我用麦秸秆挑起那个飘来荡去的环，直接就将其放到一根高度适当的细枝上。这个由我直接插手搭就的丝桥，和蜘蛛自己放置的一模一样,完全可以使用。

圆网蛛发觉丝已粘住,就马不停蹄地从一端跑到另一端,来来回回跑了好几趟;每跑一趟,它都会在这个丝桥上添加一股线。无论我有没有伸出援手,作为框架主要部件的悬挂缆,就这样铺设好了。

这个丝桥异常的细。根据它的结构,我觉得将其称为丝缆更合适。乍看上去,它非常简单;可是,它的两端像开花一般,分解成枝状。圆网蛛来回跑多少趟,就会有多少个分叉。这些丝一股股分叉,各自的黏着点都不尽相同,这样子丝缆两端就能够固着得更为牢靠。

悬挂缆比整个网的其他部分都要牢靠,故而它的存在时间要久得多。由于夜里需要用来捕猎食物,网一般都会有所损坏,因而到第二天傍晚时,基本上都要重新编织。在清理完旧网之后,在同一地方,一切工作都要重新开始,只有丝缆除外。因为重新织好的网,仍需要挂在这根丝缆上。

铺设这条丝缆是最困难的一件事。铺设能否成功,并非完全受制于蜘蛛的技艺;还需要流动的空气把细丝带到灌木丛里去,找到依托之处。并非所有的时候都有风。有时丝线会被挂到并不合适的地方。

通常架设这根丝线要花费很长时间,而且还不敢说一定会成功。所以一旦架设完成既牢固、方向又准确的悬挂缆,除非是发生了非常严重的事情,圆网蛛通常情况下是不会更换悬挂缆的。每天到了傍晚,它就从这个丝桥上走过、再走过,不断用新丝来加固它。

在圆网蛛不能下坠,无法把丝环固定住,更无从得到双股丝时,它就会使用另一种办法。

就像我们前面曾经观察到的那样:它坠下,之后再次爬上来。不过，这一次拉出来的丝，其中有一端分散开，如同蓬松的毛笔头，诸多细叉没有黏合在一起，好像从纺织器的莲蓬头里喷洒出来的一样。

这根细丝近似又浓又密的狐狸尾巴，如同被剪刀剪断一般；它延伸开来，整根丝被拉长了一倍。好了！现在，长度已经足够了。蜘蛛抓起一端固定住，另一端则让它随着分散的枝枝丫丫在风中飘动——这样丝就能够非常容易地粘到灌木丛上。

不管是用什么方法，一旦丝缆铺设好，蜘蛛就有了一个歇息的基地，能够随时从这里爬上或离开作为依托的枝丫。

这根丝缆，是它准备建造工程的上限。从这个丝缆的高处开始，它不断地改变降落点，滑下去一点，之后又循着下降时抽出来的丝向上爬，就这样产生了双股丝。

蜘蛛行走在丝桥上时，双股丝会一直伸长，直到系在丝桥的细枝上——它就这样自由自在地，将丝的一端或高或低地固定在细枝上。因此，从左右两边会产生几个斜向的横档，将丝缆和枝丫连在一起。

这些横档非常重要，它们还支撑着其他方向的横档。一旦横档达到相当多的数目，蜘蛛就无须再依赖下坠来抽丝。

它从一根绳索再到相邻的绳索去，总是用后步足拉着丝，一步一步地将丝架设起来，因而就形成了一系列直线的组合。

虽然这种组合基本上没有什么秩序，但是都必须在接近垂直的同一平面上。一个极其不规则的多边形空地，就是这样框定出范围的。

圆网蛛就在这片空地中编织网，不过网子本身是非常有规则的。

无须再多费笔墨叙述这个杰作是怎样产生出来的，幼年的蜘蛛已然明明白白地告诉了我们答案。

圆网蛛以中心基准点作为标杆，等距离地铺设辐射丝。它们都有辅助螺旋丝——这些属于临时性的脚手架，很快就会被抛弃；也都有许多圈互相紧密挨着的捕虫螺旋丝。这些我们都不再提及了——因为其他的一些细节转移了我们的目光。

铺设这种捕虫螺旋丝，属于一种非常玄妙的工程——因为这个工程要求高度的规则性。我经常想：在一片嘈杂中，蜘蛛是否会游移不定，导致犯下错误？它能否继续镇定自若地埋头工作？它是否需要一个清静的环境思考问题？

我现在知道，我在它身边，以及我的灯光，对它都没有什么影响；乍然放射出来的强光，没有使工作中的它分心。

如同在黑暗中依然转动的纺车一样，它在灯光的照射下继续埋头苦干，既没有加快速度，也没有放慢速度。如此，对我预备开始的实验来说，属于好兆头。

八月份的第一个周日，是村庄里的主保圣人节。星期二是举行庆祝的第三天，这天晚上九点钟，村民们要燃放烟花以欢送节日。

村民们恰好是在我住宅门前的大路上，距离蜘蛛工作地点仅仅几步路远的地方燃放烟花。人们敲起鼓，吹响号，手上举着点燃的树脂火把；一群顽皮的小孩屁颠屁颠地跟在后面。

当人群喧闹地来到烟花燃放地点时，这个“纺织姑娘”正要开始铺设它的大螺旋角丝。

和见证烟花火炮那种热闹非凡的场面相比，此刻我更希望趁此机会了解昆虫的心理学。

我手中拿着提灯，高度关注着圆网蛛有什么反应。

人群爆发出的喧哗声，鞭炮爆炸时的轰鸣声，金色焰火在半空中发出的响亮的噼啪声，烟花发出的呼啸声，像雨点般落下来的火花，白的、红的，或者蓝的光猛地闪亮——所有这些喧嚣和嘈杂，都没能影响到这个聚精会神劳作的女工，它没有受到惊吓。它依然井井有条地纺着、纺着，宛如置身于平平常常的寂静的夜晚一般。

方才在休息区的边缘，陡然完成大螺旋丝铺设工作之后，蜘蛛吃掉了那个用剩余的丝做成的中央坐垫。

不过，在吃下这份标志织网大功告成的夜宵之前，蜘蛛目中有两种，即彩带蛛和丝蛛，还必须先对完成的工程进行检查和画押——其实，就是从中心点到休息区下部边缘，再铺一条紧挨着的白色“之”字形带子。有时候，在上部还需要铺第二条形状相同、稍微短点的带子。不过这种情况并不总是发生。

从这些怪异的画押中，我自然而然地看明白了它是对网子进行加固用的设备。

最开始，年幼的圆网蛛没有使用这种办法加固。眼下，它们可以高枕无忧而无须考虑未来，也不必考虑节约用丝。所以，即使这张网没有太多损坏，仍然可以继续使用，它们却依旧在每天傍晚重新织网。

到了太阳下山时分，按照惯例，它们已经拥有了一张崭新的网。既然这项工作第二天还必须重做，那么加固不加固其实都不那么重要。

不过，一旦进入秋末冬初，成年蜘蛛预感到快要进入产卵期，就不得不变得吝啬起来。因为，不只是卵袋需要用掉大量的丝，成年蛛的网面积更大，也需要用去更多丝。所以它必须尽可能地节省，增加网的耐用性，避免还在筑窝时就把储存的丝给用光了。

是否出于这个原因，或是出于我还不知道的其他原因，彩带蛛和丝蛛觉得有必要修建更耐用的工程，需要一根横穿的带子加固它们的捕虫网。

其他的圆网蛛在制造卵袋时无须太多的花销，它们的卵袋仅仅是个非常简单的小丸子，因而没有必要用上加固丝网的之形带。它们和幼年蜘蛛一样，基本上每天傍晚都会重新织网。

角形蛛——我这个胖乎乎的邻居，映照在手提灯的灯光下，将要向我们演示如何进行重新织网的工作。

在黄昏云霞初起时分，它小心谨慎地从歇息地走出来，离开浓密的柏树叶子，爬到捕虫网的悬挂缆上。它在那儿停留了一会儿，就下到网上，一大把一大把地收拢废网。螺旋丝、辐射丝和框架，全都被它耙到步足下面去了。不过，有一件东西没有被耙掉——悬挂缆。这个非常牢固的部件，是以前那些“建筑物”赖以存在的基础；将其稍微加工一下，还可以用来编织新网。

收拢来的废网居然变成了一粒小丸子；蜘蛛如同吃猎物一般，有滋有味地把这丸子吞下肚子里去，没有一丝浪费。这又一次有力地证明，圆网蛛非常节约它的丝。

我们已经观察到，蜘蛛在织网工作完成后，会把中心的基准点吃掉——这还仅仅是微不足道的一口；现在它们品尝到的，才是最丰盛的大餐——一整个蛛网。这些旧网的构成材料经过胃的再次加工，就又能够变回液体，用到别的用途上面去。

清扫干净场地后，角形蛛就在留下来的悬挂缆上，再一次开始编织框架和蛛网。

如果说将旧网上那些被钩破的地方补一下就能再用，那么修补旧网岂不是更简单？是的，情况看起来好像如此。但是，蜘蛛会不会像巧手的家庭主妇缝补内衣一样织补自己的网呢？关键的问题就在这里。

织补开裂处的窟窿，重新更换断掉的丝线，将新旧部分衔接得浑然一体；最后，将被损坏的部分回收，这个网就又和新的没什么差别了。这项工作非常有意义，也非常伟大！那么，蜘蛛对此是否真的具有清醒的认识呢？有人根本就没有认真观察，就直接肯定这一点。但我没有这么大的胆量妄下定论；还必须先进行认真调研，通过充分的实验，才能够搞明白蜘蛛是否能主动想到修缮它的网。

通常要到晚上九点钟，我的这个近邻角形蛛才能够完成织网。夜晚的天气非常好，树梢一动都不动，非常适合尺蛾出来夜巡；此时捕猎，必定能够满载而归。

在大螺旋丝铺设完毕后，圆网蛛吃掉小坐垫并在休息区歇息时，我用小剪刀沿着一条直线，将蛛网剪作两半。辐射丝自动收缩回来，网上出现了一个空洞——这个洞的大小足以放进三根手指头。

躲在丝缆上的蜘蛛，看到我这么粗暴的行为，却并没有表现得太惊慌或恼怒。

待我完成破坏后，它竟然异常平静地走了过来，来到剩下的那半张网上。它胸有成竹地停下来，停在曾经是整个圆面的中心处。由于有一侧身体的步足没有支撑点，很快它就明白捕虫网已被损坏。

它不慌不忙地拉了两根丝横穿过缺口——仅仅是两根而已，完全没有多余的一根；原本没有依靠的那些步足，现在就放在这两根丝上。之后蜘蛛安静下来，再也不挪动一步，一门心思地等着捕虫。

我仔细观察着。当这两根丝把裂缝的边缘全部连接上时，我十分渴望能够看到它进行修补的工作。

我以为蜘蛛即将开始表演，在缺口处从这一端到那一端拉上很多的丝。就算是增添修补的这部分和网的其余部分并不能一模一样，但起码它可以填满空缺部分，使修补后的网面和完全合乎规则的网一样，能够有效使用。

可是，事实和我所期望的完全不一样。

整个晚上，这位“纺织姑娘”就再也没干任何事情。它居然就利用这张被剪破的网，凑凑合合地捕了食。第二天我发现，这张网和我昨晚离开时一样，没有任何变化，完全没有任何经过修补的迹象。

横拉在缺口上的那两根丝，无法认定为试图进行修葺的证据：网被剪破后，蜘蛛在身体一侧的那些步足没有地方依托；而去巡视捕猎情况时，它必然要穿过裂缝；在它来回的路途上，和别的圆网蛛惯常做的一样，它必须留下一根丝。因此，它这样做，并非试图进行修补，而仅仅是因为它来回走动不安全所导致的行为而已。

被实验者有可能认为，根本没有必要再浪费气力，因为被我剪了的网仍然可以继续使用。

这个网变成了两个半张网，但是从整体上来看，它们和原先网的面积一样大，依旧能够捕虫。

蜘蛛只需要守在中心附近的某个位置，并让伸出去的步足找到必要的依托点就可以了。拉在裂缝两边的那两根丝，就已经差不多可以支撑起它的步足了。

看来我这个卑劣的办法没有效果,必须再想一个更有效的方法。

到了第二天,蜘蛛将头一天的残网吃下去以后,重又织出了新网。一旦工作结束,圆网蛛就又纹丝不动地待在中央区。在没有破坏辐射丝和休息区的情况下,我异常小心地用一根麦秸去拨动螺旋丝,将这螺旋丝拉了出来。螺旋丝在空中摇晃,一截接着一截断开来。没有了捕虫的要件螺旋丝,这张网就丧失了实用价值:尺蛾从那儿飞过时,无论怎么努力,也别想抓到它。

面对这场灾难,接下来圆网蛛又干了些什么呢?

其实,它什么也没干。它一动不动地待在我手下留情没有毁坏的休息区里,等待猎物落入陷阱——它竟然在那张已经没有作用的网上,白白地等了一整夜。次日清晨,我看见那张破网仍然和昨晚一样。饥而生巧,但是饥饿没能改变蜘蛛,没能让它下决心稍稍修复一下业已残破的大本营。

也许这样的要求,对它的谋生手段来讲是太高了。在铺设完成那根大螺旋丝后,“纺织器”里的丝完全可能已经用尽,它已经不能再连续不断地吐丝了。我期待某种情况可以说明,它没有修补绝非没有丝的缘故——我如此坚持不懈,终于等到了机会证实这一点。

在蜘蛛缠绕大螺旋丝时,我给予了非同寻常的高度关注。

当时,一只猎物落入了那已经残破不堪的陷阱里。圆网蛛中止了正在进行的工作,它急急忙忙地奔向这个冒失鬼,用丝将其捆绑起来,并就在那里开始美餐。

在这场猎取食物的搏斗中,“纺织姑娘”已经亲眼看见网的一角是破的。那个被我剪开的大窟窿,肯定对网的效能有影响。

面对这个非常麻烦的窟窿，蜘蛛会怎么应对呢？

此时修补破损的网正当时，否则就永远没有修补的必要了。破损事故就发生在这个当口，就在蜘蛛的脚底下发生，它不可能不知道。此外，“纺织厂”正在全力运行，“纺织器”里不可能没有充足的丝。

此时对于修补来说本来是非常有利的时机，可是圆网蛛就是没有补网。它吮了几口猎物之后，就扔掉了猎物；然后，跑回因捕尺蛾而暂时中断工作之处，继续埋头铺设大螺旋丝，而没有考虑修补网子。网的撕破之处仍然保持原样。

由机械齿轮所控制的织布梭，并没有回到破损的布上进行修补。蜘蛛就是如此织网的。

这并非心不在焉所导致，也绝非由于个别蜘蛛的疏忽。所有的蜘蛛都存在类似的不进行修补的情况。

彩带蛛和丝蛛在这方面非常值得关注。几乎每晚，角形蛛都会翻新整个网。而彩带蛛和丝蛛却很少翻新自己的网。即使那张网破得再厉害，都依旧在使用，继续用已经烂得没有样子的破网去捕食猎物。或许，只有在旧网破烂到它们认不出来的时候，它们才会下决心重新编织一个新网。

带粘胶的捕虫网

圆网蛛生产出来的螺旋丝网，绝非一般奇巧。

仅仅是看上一眼就可以发现，组成捕虫网的丝，和构成框架的丝完全不一样。它们在阳光的映照下闪闪发亮；显露出的结节，如同一串小颗粒编成的念珠。

要想用放大镜去直接观察这网，几乎是做不到的。因为稍稍有微风吹过，网就会抖动不停。因而我在网下放了一块玻璃片，把网抬高，将取下的几段丝平行地固定在玻璃上，准备带回去研究。

现在，可以心无挂碍地用放大镜和显微镜来进行观察了。

接下来看到的情景，让人感到震撼无比。在肉眼中若隐若现的丝的末端，竟然是一圈又一圈异常紧密的螺旋丝；另外，这些丝居然是空心的——就像一根根非常细的管子，管子里面还装满了黏液，黏液如同溶解了的阿拉伯树胶。从丝的端头流出的这种黏液，是半透明的液体。

放到显微镜的载物台上，小心细致地用玻璃片压住，螺旋卷就这样延展开，变成从一端到另一端都扭卷着的细带；细带中间隐隐约约有一道暗线，那就是空腔。

穿过这个卷曲丝带的管壁，丝管里面的黏液会一点一点地慢慢渗出来，使得整个网子都有了黏性，并且其黏度令人惊讶。

我捡起一根细细的麦秸秆，轻手轻脚地用它接触了一下一段丝的三四节；虽然触碰得非常轻，可是麦秸秆还是立即被粘住了。

我把麦秸秆提高一些，丝就被扯了过来，长度竟然比原来拉长了一到二倍。最后，因绷得过紧，丝脱落了下来，可它居然还没有断，只是又收缩回原来的长度。

丝在被拉长时，螺旋卷自然松开来，缩短时就又重新卷起来。丝管中的黏液，最后渗到丝的表面，使丝带上了黏性。

总而言之，这种螺旋丝属于物理学中一种从来没见过的、如同头发般纤细的细管。它之所以卷成螺旋状，为的是具有弹性；这样一来，无论猎物怎么挣扎，它都不可能轻易被拉断。

在丝管里储存了大量的黏结物，它们不断地往外渗出。一旦丝的表面由于暴露在空气中而黏附力减弱时，丝能够自行快速恢复粘力。这个过程简直太奇妙了。

现在我们终于知道，圆网蛛并非在普通的网上，而是在带粘胶的网上捕食猎物。那是一种异常厉害的粘胶，任何东西只要碰上一点，就无法逃脱。就算是蒲公英的冠毛轻轻从那上面擦过去，都会被牢牢粘住。但是圆网蛛整天在网纱上来来回回，从来没有被粘住。这又是什么原因呢？

首先让我们放电影一般回想一番：在蜘蛛捕虫网的中央有一个“特区”，带黏性的螺旋丝不会进入这个区域——它们在离中心尚有一定距离处，就突然停止。

在整个大网中，这个中心区域的面积只有掌心一般大小。它是由辐射丝和辅助螺旋丝的开端所组成，没有任何黏性。如果用麦秸尝试着探测一下，你就能够确定：麦秸秆在中心区内的任何一处，都不可能被粘住。

圆网蛛驻守的地方，就是这个中心区域；它在这个休息区里，夜以继日地等待猎物的到来。

尽管它和网的这部分一直密切接触，停留在那里的时间那么久，却根本没有被粘住的危险。因为构成中心区域的辐射丝和辅助螺旋丝没有带黏性的涂料，更没有扭卷的管状螺旋卷；在那里，有的仅仅是一种实心的普通直线丝。

猎物通常在网的边缘地带被粘住。蜘蛛会迅速上前，控制住猎物的挣扎，并将它捆绑起来。这个过程中，蜘蛛必须在网上行走；但我并没有发现它被带黏性的丝粘住步足，黏性丝也没有被蜘蛛移动的步足带起来。

小时候，当我和朋友们每个星期四成群结队地到大麻田里抓金翅雀时，在给细竹竿涂上粘胶之前，我们都要先在手指上抹几滴油，免得手被粘住了。那么，圆网蛛了解油脂物的秘密吗？

用沾上一丁点油的纸擦擦麦秸，然后再将麦秸放置到螺旋丝上。现在，这根麦秸秆不可能再被粘住了。如此简单的原理找到了，可以继续实验了。

我从活的圆网蛛身上摘下一只步足，把它放在麦秸秆上，再让它去接触黏性丝。这时，它就像在非黏性丝上一样，丝毫没有被黏性丝粘住。圆网蛛在任何情况下都不会被粘住，奥秘就在这里——这一点,其实我们早就应该预想到的。

接下来进行的一个实验,其结果却完全不一样。

我先将这只步足放入油脂物的最佳溶解剂——硫化钠中，浸泡十五分钟。之后,用一支浸透了这种液体的毛笔,认真细致地清洗这只步足。

洗完之后,步足就像没涂过油的麦秸秆一样,和捕虫网的螺旋丝牢不可分地粘在一起了。

因为这个实验,我判断:圆网蛛没能被黏性螺旋丝粘住,身上肯定有某种脂肪物质。这种看法是否属实?硫化碳所起的作用，似乎证实了这一点。在动物体内这类物质非常常见，所以应该没有什么理由能够否定。更何况即便仅仅是出的汗，也会给蜘蛛身体轻抹上一层这种脂肪物。

我们在手指上抹上一点儿油，就能够自如地摆弄粘金翅雀的竿子。同样,蜘蛛身上有一种特殊的汗,就是为了能够在网上任何一处走动,却不会被黏性丝困住。

但是，在黏性丝上停留太长时间是不合宜的。和这些丝接触时间太久,多少会导致黏附,进而对蜘蛛的行动产生妨碍。

蜘蛛必须保持高度敏捷,能够在猎物挣脱前飞速冲上去。所以，在它长时间等待的地方,绝对没有黏性丝。

仅仅在这个休息区里，圆网蛛才会如此纹丝不动地等待着。它大模大样地伸展开八只步足,时刻关注着蛛网的晃动。

它也是在这个休息区里就餐的。抓到的猎物如果异常肥大，它就要花很长时间去享受整顿的美味佳肴。

它一般先在这个休息区内捆绑好猎物；接着咬上一咬；再将猎获的食物拽到一根丝的末端，在没有黏性丝的地方不急不慌地进食。——圆网蛛会在中心区精心备下一处没有黏性胶的地方，作为自己捕猎的哨岗和进食的餐位。

由于它的那种黏胶数量实在太少，所以没有办法研究其化学特性。

在显微镜的帮助下，我们能够观察到，从断丝上，流下来一股稍稍带有细粒的透明液体。下面所要进行的实验，可以进一步揭示关于这种液体的秘密。

利用一块玻璃片，我从蛛网上采集到了成平行线的粘胶丝。之后，我将玻璃片放到一层水上，再用一个罩子将其罩起来。

在充满湿气的环境中，没有用多久，蛛丝就开始伸展，在一种能够被水溶解的套管中不断地膨胀，最终成为流体。这时，丝管的螺旋形没了影踪，蛛丝细细的管道里出现了半透明的圆珠，即一些非常细小的颗粒。

二十四个钟头以后，丝管里面没有了液体，丝真正成了难以看见的细线。这时候，倘若我往玻璃片上滴上一滴水，就能够得到一种黏性分解物，这个东西和溶解的阿拉伯树胶很接近。

结论昭然若揭：圆网蛛的粘胶对湿度异常敏感；在湿度已经饱和的条件下，它大量吸收水分，然后变成黏液从丝管里渗透出来。

这些研究结果，向我们展示了蛛网工作的某些事实。

彩带蛛和丝蛛的成虫，会赶在凌晨天亮之前结网。假若当天雾很大，它们就会停止尚未完成的工作。

其实，雾并不会给它们建造总框架造成阻碍，也不会妨碍架设辐射丝，甚至不会阻碍缠绕辅助螺旋丝；湿度再大，都不可能损坏这些部件。但是，它们仍然不能在雾天里编织粘胶网——因为这种黏性捕虫网一旦被雾水浸湿，就会溶解成黏糊糊的碎片。因此，捕虫网受潮就无法使用了。

假如天气合适，已经开始着手编织的网，会在第二天夜里全部完工。

捕虫丝对湿度的过于挑剔，虽然会带来很多不必要麻烦；但是同时，也会带来非常大的好处。

这两种在白天捕食的圆网蛛，不得不经受太阳的强烈照射，在炎热中煎熬；而这个时间段，恰好又属于蝗虫乐于出没的时候。

在酷热的伏天里，除非准备了特殊的预防措施，胶虫网很可能会变干，而且会收缩成干硬且失去活力的细丝。可没想到的是，事实恰恰相反。就算是在最炎热的时候，胶虫网仍然非常灵活，依旧有很好的弹性，并且黏附力反而越来越厉害。

为什么会出现这种结果呢？这种情况，纯粹是因为胶虫网对大气湿度具有高度敏感性而产生的。

湿气一直充斥在空气中。这些空气里的湿气缓慢地渗入黏性丝里，黏性丝原来的黏度因此而逐步消退。它会按要求的程度，不断对丝管里浓稠的胶汁进行稀释，并使胶汁渗到管外。

调制粘鸟胶的技术如此高明，还有哪位捕鸟者敢在这个方面和圆网蛛比高低呢？这不禁让人惊叹，为了捕捉到一只小小的尺蛾，居然需要这么奇巧的技术！

还不仅是这些。对于生产，它还有着非常高的热情！

当你充分了解了圆面的直径和缠绕的圈数，就能够轻而易举地计算出粘胶螺旋丝的总长度。通过计算我们可以发现，每每需要重新织网时，角形蛛一次就要生产出二十米长的黏性丝。而丝蛛则越发心灵手巧,一次生产出的就达三十多米。

至于,我的这个邻居角形蛛,在两个月的时间里,它每天晚上都需要重新编织捕虫网;在这段时间里,它却能够轻轻松松生产出一千多米充满黏性的、紧紧卷曲着的、呈螺旋状的管状丝。

希望站出来一个比我有更好的工具、比我视力更强的解剖学家,能够给我们解释一下,这个如此出色的拉丝厂究竟是如何运行的。丝质的材料如何铸造出极细的管子？这种管子为什么充满着粘胶并且能够卷成螺旋形？同一个拉丝厂为什么还能够提供普通的丝，用以加工框架、辐射丝和螺旋丝？为什么还能够提供彩带蛛丝袋里那棕红色的烟,及丝袋上装饰的横条黑色饰带？

蜘蛛的这个大肚子,简直就是奇特的化工厂,这个工厂生产出了多少种产品啊！我看到了这么多奇妙的产品，却根本无从知晓这机器是如何运作的。

我们还是把这个问题留给解剖学家和生物学家，让他们去慢慢研究吧。

圆网蛛的“电报”线

在我曾经观察过的六种圆网蛛中,只有彩带蛛和丝蛛这两种,不管阳光多么炎热，都自始至终地待在网上。其他的圆网蛛通常是在夜间才露面。它们躲在距离网子不远的灌木丛中，那里有一个简陋的隐蔽处—— 一处用几片挂着蛛网的叶子搭成的埋伏点。在白天里,它们一般都是一动不动,集中所有的精力驻守在那里。

不过,让圆网蛛感到不舒服的强光,却给娴静的田野带来了欢乐。

偏偏就是在这个时候,蝗虫比任何时间都蹦跳得更欢,蜻蜓比任何时间都飞翔得更轻快。另外，带粘胶的捕虫网虽然在夜间被撕破了一些，但一般情况下还可以凑合使用。假使有某个昏头昏脑的莽撞鬼被粘住了,躲在远处的蜘蛛能够立刻发现这个意外的收获吗?

不用过分担心——它会立即赶过来的。

那么,它又是如何获得消息的呢? 这里,请耐心听听我们的解释。

网子轻微的抖动,比亲眼看见猎物,更能够引起它的警觉。通过一个非常简单的实验,就能够证明这一点。

我取来一只因硫化碳中毒而窒息的蝗虫，将它放到了彩带蛛的粘胶网上;并且,就把这只死蝗虫摆放在了守在网中心的蜘蛛附近。

如果实验的对象是白天躲进树叶浓荫下的蜘蛛，就随意地将死蝗虫搁在离网中心或近或远的地方。

无论怎么摆放诱饵，起初基本上都毫无动静。就算把蝗虫搁在离它不远的地方，蜘蛛也一直没有任何反应。它竟然对猎物无动于衷，似乎完全没有察觉。

终于，我等待得不耐烦了，就用一根长麦秸轻轻拨动了一下死蝗虫。

就是这么轻轻的一下，立即引得彩带蛛和丝蛛从中心区跑过来；甚至其他的蜘蛛也从树叶中钻出来，全都冲着蝗虫奔过去。它们用丝把猎物捆住，和对待正常情况下捕到的活猎物一样。由此终于知道，只有振动网子，才会引发蜘蛛的进攻。

或许是由于蝗虫通体呈灰色，让猎手看不分明，无法引起蜘蛛的高度注意吧。那么，我们再用红色做个实验——之所以用红色，是因为它对我们的视网膜，以及可能对蜘蛛的视网膜来说最为鲜艳夺目。

蜘蛛食用的野味中，没有一种有着红色的外套；因此，我不得不用红毛线做成一个小包裹——一个如同蝗虫大小的诱饵，粘在那网上。

我这个带着善意的诡计大获成功。这个穿着红色外套的包裹不动，蜘蛛就没有任何反应；一旦我用麦秸秆轻轻拨一下包裹，它们就急急忙忙地跑过来。

我自以为巧妙的诡计大获成功了。

假如这个红色的包裹一动不动，蜘蛛就没任何表示；可是，当用麦秸秆拨动那个包裹，它就立刻风风火火地跑过来了。

一些大脑简单的蜘蛛，会用脚尖去触碰这玩意儿，如同对待普通的猎物那样；然后用丝把这个根本不能发出任何信息的包裹五花大绑起来；甚至按照惯例，为了让猎物中毒，先咬一咬这个诱饵。

不过，就是到了这个时候，它才发现这一切只不过是个美丽的误会。

这个受骗者垂头丧气地离开了。直到我把这团假猎物扔掉后很久，受过骗的它们才肯返回。

但是，有些蜘蛛十分狡黠。和其他的蜘蛛一样，它们高高兴兴跑到红毛线诱饵边，用触须和步足对其试探。这些机灵鬼马上就知道，这玩意儿没有任何价值，无须浪费宝贵的丝去做无意义的捆扎。我那不能够自行抖动的诱饵根本骗不过它们，仅仅是经过极其短暂的检查，就会被彻底抛弃。

但是，无论是狡猾还是幼稚，毕竟这些蜘蛛都是从远处，从树丫中的埋伏点跑过来的。它们是如何得到消息的？可以肯定的是，它们并非靠视觉。发觉错误之前，它们还是需要用脚抓住这东西，甚至还得咬上一口。看来它们是高度近视。

这个压根就没有生命迹象的东西，不会自行让网跟着抖动起来。就算距离一巴掌这么近，蜘蛛也根本看不见；何况在绝大多数的情况下，它是在黑黢黢的夜间进行捕猎。在这种情况下，它即使有再好的视力，也没有什么实用价值。

假如在非常近的地方它的眼睛也不能起什么作用，那么只能从远处对猎物进行侦察时，它又该如何应对？

在这样的情形下，准备一个能够远距离传递信息的仪器，是非常必要的事情。而要找到这种仪器，并非什么难事。

我们随便选择了一只白天躲进隐蔽处的圆网蛛所织的网，躲在网后观察动静。

我们看见从网中心拉出来一根丝，以斜向上的方式拉到网的平面之外，一直拉到蜘蛛白天潜藏的埋伏点。除去那个中心点，这根丝没有和网的其他部分发生任何连接，和框架的线也没有发生任何交叉。

这条丝线非常顺畅地从网中心直接连通到埋伏点。这线的平均长度达到一肘[①]。角形蛛因为盘踞于树的高处，故而它的丝线长度两三米。

毫无疑问，这根斜丝实质上就是一座丝桥。当蜘蛛遇上紧急事务时，可以借此畅行无阻地快速抵达网上；同时，在完成巡视后又能返回驻地。事实上，这就是它来回的必经之路。不过，仅此而已吗？不是！如果圆网蛛仅仅是为了在隐蔽所和网之间有一条"高速公路"，那么把丝桥直接搭在网的上部边缘就可以了，这样路程明显更短，而且斜坡也没有那么陡峭。

此外，这根线的起点为何一直是黏性网的中心，而非它处？

因为辐射丝的汇聚处就是这个中心点，它是蜘蛛感知一切震动的中心点。所有产生于网上的动荡，都能够被传递到这里。所以，仅仅需要这么一根从这个中心点拉出来的线，猎物在网上任何一点挣扎所产生的信息，就都能够被输送过来。

故而，这根超出网平面的丝，不只是一座桥这么简单；更重要的是，它首先是一个信号器，是一根"电报线"。

---

① 肘：法国古长度单位，从肘部到中指端，约半米长。

让我们来瞅瞅实验的情况吧。我把一只蝗虫搁在网上，这个被网粘住的昆虫不甘心地拼命挣扎。蜘蛛当即热情高昂地跑出休息点，从丝桥上爬下去，直接奔向蝗虫；并且根据习惯捆绑起猎物，毫不留情地对其施行麻醉术。

过了一会儿，它用一根丝将蝗虫绑定在自己的丝器上，然后使劲将其拖回自己的隐蔽处，不紧不慢地来了一顿饱餐。一直到这个时候，我们都没有观察到什么新鲜事情；整个经过，和过去没有什么不同。

让蜘蛛先去忙一阵它自己的事情吧，过几天，我再回过头来插手它的工作。

我计划提供给它的仍然是蝗虫。不过，这一回我没有去触碰什么东西，而是用剪刀轻轻地把它的信号线剪断。

我把猎物放回到蛛网上。一切和我预想的一样。蝗虫不停地挣扎，网跟着晃动起来；但是，此时的蜘蛛没有任何反应，仿佛完全没有接收到这些信号。

人们或许会认为，圆网蛛之所以待在住所里纹丝不动，是由于丝桥断了，它不可能在那上面来回走动。

赶快清醒过来吧！它能够走的路有百十条，条条都能够通到它要去的场所。这张网，是由许许多多的丝系在枝丫上的，对它来说，走起来非常方便。可是，圆网蛛竟然哪一条路都没走——它一直聚精会神、稳如泰山地待在那里不动。

这到底是为什么呢？——其实，就是由于它的“电报线”坏了，它无法获取颤动的信息。

它也看不到那被粘住的猎物——猎物离它实在太远了，它不知道已经有糊涂虫落入了陷阱。过去了整整一个钟头，蝗虫在网纱中一直不停地蹬腿，蜘蛛也一直没有任何回应。我也一直在旁边静静地观察。

终于，圆网蛛似乎警觉了起来。它脚下接收信号的天线已被我一剪刀给剪断了——现在，它终于感觉到自己的天线不是紧绷着的工作状态,因此过来巡视。

它非常随意地踩着框架上的一根丝,毫不费力地来到了网上,立刻就发现了蝗虫。它迅速将猎物五花大绑了起来；然后又去架设信号线,用来取代刚才被我剪断的那根线。通过这条路,蜘蛛拽着猎物满意地回了家。

我曾经有机会观察的另一种圆网蛛，虽然保留下来了传递信息的天线的基本机能,但是对其进行了非常大的简化。这就是漏斗蛛。

这种漏斗蛛在春季生长。在开花的迷迭香上捕捉蜜蜂是它的拿手好戏。

在一个长着叶子的枝丫梢上，它居然用丝做成了一个海螺壳式样的房子，房子的大小和形状如同一个橡栗的壳斗。它就在那儿休息,把硕大的肚子放在圆形的窝里,前步足一直支在边缘上;那样子,看起来好像随时准备跳出去一样。

它就如此惬意地待在那儿,静静地等待猎物的来临。

它的网也同样遵循圆网蛛的惯例,是往下垂直的,非常宽大,离蜘蛛蹲守的小窝盆很近。另外，这张网由一个角状的延伸物连通起它的寓所。在这个漏斗形角状物上,总有着一根辐射丝,漏斗蛛就坐在这个漏斗里;但是,它的步足自始至终都搭在那根辐射丝上。

这条辐射丝出自网的中心，无论从网的什么地方传递过来的抖动，都在那里汇聚起来。因而，这条辐射丝可以将信号及时地传递给蜘蛛。

辐射丝能够起两个作用：既属于粘虫网的一部分，又能够通过抖动将讯息传达给蜘蛛。如此一来，便完全不需要多一根专门的线。

别的蜘蛛则完全不同。白天，它们住在一处离蛛网非常远的隐蔽所里，因此必须要有一条专门的线，保持与蛛网的联系。

实际情况是，几乎所有的蜘蛛都必须“铺设”这种“电报线”——不过，仅仅是到了需要经常休息和长时间打瞌睡的年龄时，才会需要这样的线。

年幼的圆网蛛警觉性非常高，同时也没有掌握收发“电报”的技术。而且，它们的网存在的时间非常短暂——到了第二天，几乎就都消失了，所以根本无须类似的装置。因为在一个如此破烂，也逮不到什么的网里，根本没有必要额外安装一个报警器。年老的蜘蛛，由于经常离开蛛网躲在绿树荫下沉思和假寐，才特别需要一根电报线，以能够随时了解网上发生了什么事情。

蛛网的几何学

现在，我正在撰写的这一节将非常有趣，但是写起来则困难重重。这并不是因为这部分的题材晦涩难懂，而是由于它对读者有要求：需要具备一定的几何学理论基础。这种知识本来是非常有用的精神食粮，却被人们彻底忽略了。我的这些文字，并非给几何学专家读的——再说，他们也从来不关心生命本能这一类学问；我也并非专门写给昆虫学专家读的——他们对数学那些高深莫测的定理毫无兴趣。我所写的，是给一切对昆虫有兴趣的明白人看的。

让我们来用心关注圆网蛛的网吧。

首先我们能够观察到，那些辐射丝是等距离的。我们能够清清楚楚地看见，尽管从一根丝到另一根丝所产生的角数量非常多——在丝蛛的网中已经超过了四十个——但是，所有角的角度明显都是相等的。

我们能够观察到，蜘蛛使用了多么奇怪的方式达到它的目的：把准备织网的空地划分成多个角度完全一致的扇面形。奇特的是，每一个蜘蛛所划分的扇面形的数目几乎都一样。一通看起来没有次序、充斥狂热而随心所欲的胡乱操作，其所产生的圆形网，却如同用圆规精准测量出来的一样。

我们还可以观察到：在每个扇面形里，构成螺旋圈各级阶梯的梯级相互之间是平行的；并且越接近中心，相互之间的距离越近。这些阶梯和规定梯级的辐射丝所形成的角，一边是钝角，另一边则是锐角。由于梯级阶梯相互之间都是平行的，所以这些角在同一个扇形面内是恒定的。

按照表现出来的特性，对几何学有所了解的人都能够看出，这是对数螺线。

以常数的辐射角值进行斜切，从一个称为“极点”的中心辐射出来的一切直线或扇形面辐射线的曲线，被几何学家称作对数螺线。

圆网蛛似乎是个天然的几何学大师，它所走的路程，是一条内切于对数螺线的多边形线。

倘若辐射丝的数目可以达到无限，它就可能和这种对数螺线“融合”成为一体；这样一来，直线部分就变得非常短，并且把多边形线变成了曲线。

对数螺线绕着自己的极点旋转，因而画出数目无限大的圈，以至于它越来越接近这个极点，但是又永远到达不了极点。

每每绕完一圈，就与这个中心点更加接近，却永远无法和极点重合。这是一种非常难以想象出的、存在极限的绕圈。

圆网蛛几乎是尽可能地遵循这种无限绕圈的规律，它的螺旋圈一次比一次靠近极点，相互之间就一次比一次紧密。

到了一定的距离，螺旋圈突然止步不前。这时，连接上这根丝的，是没有在中心区消失的辅助螺旋丝。人们还能够惊奇地看到，这根

辅助螺旋丝，朝着极点越来越密地绕圈，让人几乎难以觉察。自然，精确度不是非常高，仅仅是近似精确而已。

圆网蛛尽其所能，越来越接近它的极点，证实它是螺线规律方面的专家。

因此，是否可以认为圆网蛛的这种能耐，纯粹是机体结构的作用？

很自然地，我们就会想起步足伸缩自如，能够像圆规一样发挥作用。步足弯曲得多一些或少一些，伸展得长一些或短一些，能够机械地决定螺线横穿辐射丝的角度大小。它们能在每个扇形面上，令所有横档保持平行。

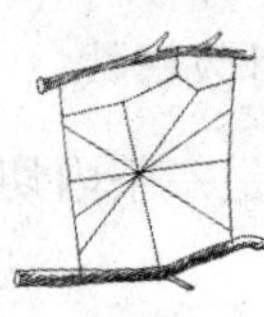

为此，我有些不同的看法：证明工具在此并非作品唯一的调节器。假如步足的长度对丝的布置有决定性作用，“纺织姑娘”的脚如果再长一些，螺旋相互之间的间隔就会更宽一些。

而彩带蛛和丝蛛向我们显示的事实，恰恰是这样：前者的步足长些；它那张网上的横档，和步足短的丝蛛的横档相比较，明显间隔要大一些。

不过，其他的一些圆网蛛又提醒我们：不可以过分迷信这条法则。

角形蛛、苍白色蛛和冠冕蛛，与苗条修长的彩带蛛比起来，就是矮胖子。可是，它们带粘胶的螺旋线之间的距离，和彩带蛛却不分轩轾。甚至后两种的旋转螺

旋丝的间隔更大。

另一方面,我们通过实地观察也发现,机体结构并不能保证作品一定不改变。

在织粘胶螺旋丝前，圆网蛛需要先织第一道纯属辅助性的螺旋丝,用以作为支撑点。这种螺旋丝属于没有粘胶的普通丝,从中心到边缘，圆圈的宽度增大很快。它属于暂时性的建筑。在蜘蛛铺设粘胶螺旋丝时,它仅仅保留着中央部分。

第二个螺旋丝属于捕虫网最基础的部分,相反,它以紧密的圈从边缘推进到中心。这种螺旋丝,全部是由黏性的横档组成。

出于机制的突然变化,就出现了方向、圈数和相交角彻底不一样的两种螺旋物。这两种螺旋物都属于对数螺线。无论步足是长还是短,我都看不出有什么机制能够说明这种变化。

那么，这会不会是圆网蛛预先就想好的办法呢？它是不是做过什么样的计算,用眼睛或者别的什么测量过角度、检查过平行性呢?

我的观点,基本倾向于“不是”——这一切都是天生就有的。圆网蛛并不可能有意识地去想办法,就和花朵并非有意识地布置叶子、枝丫一样。

是的,圆网蛛的确进行了高度精确的几何学计算;可是它所做的这一切,它自己并不知道,也不可能特别留意;这些都是依靠本能的推动,自发做出来的。

交尾与捕猎

圆网蛛的婚礼,对延续下一代非常重要。不过,这种本性粗暴的婚礼,这种充斥神秘气氛的夜间爱情,极其容易演变成悲剧。对此,我只能简明扼要地介绍一下。我只看见过一次交尾。我有幸得到这个机会,还必须感谢我的胖邻居角形蛛。我经常点亮灯笼去夜访它。让我们来讲讲事情的经过吧。

八月里的第一周,马上就到晚上九点十分了。夜空很晴朗,天气非常炎热,还没有一丝风。我那个胖乎乎的邻居还没有开始织网,仍然安如泰山地停留在悬挂丝上。

应当热火朝天开展工作的时候,它却偷懒不干活儿,这现象令我惊叹不已:难不成有什么非同寻常的事情将要发生吗?

确实,一件不寻常的大事发生了。

我看见一只雄蜘蛛从邻近的灌木丛中跑出来,爬上了缆绳。这个小矮子、小瘦子,居然大模大样地向这个大腹便便的女子致意。雄蜘蛛在偏僻的角落里藏身,它是如何知道这里有只已到婚配年龄的雌蜘蛛的呢?

在蜘蛛之间,这种事情都是发生在万籁俱静的夜晚中;没有情人的呼唤，没有信号的收发，根本无从知道它们是如何联系上的。

雄蛛战战兢兢地走上了悬挂缆的斜径。它一步一步地向前迈进。

走到一定距离，它忽然停了下来。它是心存犹疑吗？它会更接近吗？时机尚未成熟吗？都不是！原来，是因为雌蛛高高举起了步足，这个兴冲冲的来客害怕了。它有些悻悻地下了悬缆丝。

过了一会儿，忐忑不安的心情消退，它又一次爬了上来；这一次，它离雌蛛更近了一些；不过很快，它便又一次突然逃走了。

就如此这般地来来去去，每一次都能更接近一些。

这种提心吊胆的翻来覆去走动，是追求者的一种疯狂的爱情表白！

坚持就能够取得胜利！终于，它俩可以近距离面对面了：雌蛛宛若泰山，神态庄重；雄蛛则激动万分——它竟然敢用脚尖，偷偷地去触碰那大腹便便的姑娘。这一次，它做得有些过分了。这真是个大胆的莽撞鬼。

它居然被自己的大胆吓着了，顺着挂在安全带上的垂直线，猛然跌落下去。这一切，就发生在一瞬间。

现在，它又一次爬了上来。它知道，女方对它的再三恳求一定会让步。雄蛛是用脚，特别是用触须，去挑逗大腹便便的女友；而女友的回答却让人意料不到——它非常古怪地蹦跳开去。

雌蛛用前跗节抓住一根丝，接二连三地向后翻了几个筋斗，如同一个技术高超的体操运动员在吊环上翻跟斗一般。

通过这个高难度的体操动作，雌蛛将大肚子的下部暴露给这个侏儒，使它有机会用触须尖适时地微微碰一下。除此之外，就没有再发生别的什么。这个奇特的求爱过程告一段落。

此次远征的目的业已达到，这个干瘦矮小的家伙于是匆匆忙忙逃走了，仿佛后面有一个复仇女神在追赶它似的。——如果它傻傻地待在那里不动，完全有可能被当作猎物吃掉。

在僵硬的绳上表演的体操动作，没有再重新上演。我接下来又观察了几个夜晚，都没有再一次见到这位畏畏缩缩的先生。

它居然真的走了。新娘离开了悬挂绳。它重新织好网，依旧摆出守株待兔的捕猎架势。只有吃了东西才能够生产丝；有了丝才能够捕获到猎物，才能够织出安身立命的茧。因此，甚至就在激动的新婚欢愉之后，新娘也没有休息。

圆网蛛就在这种带着黏性胶的捕虫网上，纹丝不动地耐心等待，这种坚持不懈的精神确实让人钦佩。

脑袋朝上，八条腿大大地张开着，蜘蛛就这样占据了网子的中心位置，这里是辐射丝传递信息的接收终端。倘若在网上什么地方，或是前面或是后面出现震动，这就是抓住了猎物的信号。甚至不需用眼睛去看，圆网蛛就能够知道。它马上变得精神十足，跑了过去。

而在发生这震动之前，网上一切风平浪静，蜘蛛似乎全部身心都沉浸在狩猎中。不过，一旦出现可疑的东西，它也会让网抖动起来——这是它对不速之客发出的威慑信号。无须别人去推动，那是它自己的编网机器自动产生的摆动力。

没有看见它腾空跳跃，没有看见它明显在用力，蜘蛛全身上下没有动弹。可是，整个网子就在半空中颤动。

静止竟催生了晃动！

过了一会儿，它恢复了平静，恢复了原本的姿势。

如何获得活食物，是它目前不得不面对的严峻问题。

啊！我可爱的小圆网蛛啊！你就是这样一种精灵：仅仅是为了一顿晚餐，你每天晚上必须以百倍的耐心等待；可就算是这样持之以恒地坚守，有时依然是毫无所获。

这个白天密布着阴霾，一场暴风雨可能就要来临了。

我的这个胖邻居对天气变化极端敏感，不过它并没有屈服于暴雨的威胁，一如既往地从柏树丛中走出来，在惯常的时间里着手重新织补网子。它的预测一向非常准确，夜间肯定是好天。故而我也拿着提灯凝神静观。

所有的一切，都发生在朦朦胧胧的灯光下，以至于难以准确观察。最佳的被观察选手，应该是忠于职守、从不离开蛛网、白天的主要工作是捕猎的圆网蛛。

我亲手把精心挑选的一只猎物轻轻放到粘虫网上，它那六只脚一下子就都被黏住了。假如它抬起一个跗节，或者是缩回一个跗节，那脚上粘着的可恶的丝也会跟着动起来；螺旋圈被微微拉长，既没有放松，也没有被扯断，始终跟着猎物绝望的抖动而抖动。即使猎物偶尔挣脱一只脚，结果反而使得其他的脚被粘得更紧——而且这只幸运的脚，很快又会不幸地被粘住。它没有可能逃脱，除非爆发性地用全部力量踹破这个捕虫网。不过就算是最强壮的昆虫，也未必能够办得到。

震动给圆网蛛传递了消息，它立即跑了过来。只见它围着那个猎物转圈，隔着一定距离进行侦察，评估发动进攻要冒多大的风险。

圆网蛛需要分析被粘住的猎物有多大的力气，然后再决定采取什么样的捕捉办法。

我们假设(通常的研究都需要先进行假设)这是一只不大的猎物:尺蛾、衣蛾,或者随便什么双翅目昆虫都可以。

面对落网的猎物,蜘蛛把肚子微微缩了一下,用纺器尖去触了触对方, 然后用跗节旋转这个俘虏。如果松鼠被关进笼子一样的活动圆缸里,无论动作如何敏捷,它也赶不上蜘蛛这般优美、这般迅速。这个小机器的轴是根粘胶螺旋丝的横档, 转动起来如同一根烤肉用的铁钎。看着它如此旋转,可真是大饱眼福啊!

它为什么要旋转这个俘获物呢? 原理如下:由于短暂的接触,纺织器里拉出了丝头;把丝从丝库里拉出来,一圈又一圈地缠绕在俘虏身上,给它裹上一块紧身衣,它就再没有办法反抗。

我们人类的拉丝厂里所使用的也是同样的方法: 在发动机的带动下,纺纱筒不停地转动; 它在转动时,从一个狭小的钢板孔里拉出金属丝,同时把不断变细的丝卷到纱筒上去。

圆网蛛的工作原理也是如此:它的前步足就如同发动机;被俘获的猎物就如同转筒;丝器的孔就如同钢板的拉丝孔。

如此, 它便能够准确无误地迅速捆绑俘虏。没有什么方法能够超过这种方法——消耗的丝不多,效率却非常高。

我们下面将会观察到的办法往往很少用。

蜘蛛以迅雷之势扑向猎物;猎物一动不动,而蜘蛛自己却围绕着猎物打转,边转边拉出丝; 这些丝从网的上面和下面穿插,逐渐用丝锁链把猎物捆绑起来。

粘胶丝具有很强的弹性,圆网蛛因此能够在网上随意穿来穿去,而不会弄坏网。

现在,再来假设捕到的是非常危险的野味。例如:一只残暴的修女螳螂,它凶狠地抡起带弯钩和双面锯的腿;或是一只大胡蜂,它狂怒地扎刺着恶毒的螫针;或是一只强壮的鞘翅目昆虫,它那角质的盔甲刀枪不入。这些非同寻常的行为,圆网蛛很少能够遇上。于是,我故意把这样凶猛的猎物放到网上。

我费尽心机放上去的野味,是否会被接受呢?

圆网蛛没有放弃这些凶巴巴的食物,但是行动上表现得十分谨慎。

一旦发现接近这种猎物非常危险,它就把面对面的方式,改成背对着猎物,把自己的纺织器瞄准它。这时,圆网蛛的后步足从纺织器里发射出来的不再是一根孤零零的丝。它整个炮台的所有丝炮一起发射——发射出来的是真正意义上的带子,是一块完整的纱条。它的后腿将这纱带散开成扇形,直接抛到被粘住的猎物身体上。

圆网蛛监视着猎物的挣扎,两腿把纱带——即捆绳撒在猎物的前身上、后身上、腿上和翅膀上,让猎物全身上下都戴上这种"镣铐"。

丝带如同雪崩一般撒下来,多凶狠的昆虫都能够被制服。螳螂企图张开那对带着锯齿的臂膀,大胡蜂不住地挥动着尖锐的匕首,鞘翅目昆虫挺腰拱背;但是它们这样做完全是徒劳无功。又一阵丝雨狂风一般撒下来。这些邪恶异常的猎物们,有再大的力气也都没有办法使出来了。

大批暴风雨般撒下来的丝带,能够很快消耗光工厂的库存;假如采用滚筒的方法,则可以节约不少宝贵的原料。

但是如果想节省丝,就必须接近猎物,用步足去转动滚筒;而这样做风险很大，蜘蛛轻易不敢去尝试。

因此，它只有选择安全系数高的地方，不断地撒出丝带——你很可能以为它快没有丝了，实际上它的丝还多得很呢。

不过，似乎蜘蛛也非常担心这样的花费过分奢侈。因此，情况如果允许，它在撒下丝带令猎物无法动弹后，更愿意恢复转筒的办法。

但是，修女螳螂腿很长，翅膀又非常大，旋转的方法肯定行不通。面对这种情况，就算是纺织器里的丝会全部消耗光，也必须不停歇地撒丝带，直到猎物被完全制服为止。因此，猎获这样的昆虫，丝的消耗非常大。确实，除去我亲自插手，将修女螳螂放置到网子上之外，我再没有见到圆网蛛和如此恐怖的猎物格斗。

现在，猎物无论弱小抑或强壮，都业已束手就擒；接下来就是施展置敌于死地的战术了。

蜘蛛一直都是采取如下战术：轻轻咬一下已被五花大绑的俘虏——这一口如此之轻，居然没有留下明显的伤口；之后，它会走开一会，就这么点工夫，蜇毒开始起作用。这一切，都在顷刻之间完成。蜘蛛很快就又返回来了。

假如捕获的仅仅是小猎物，如衣蛾之类，那么，在现场——也就是在捕获到猎物的原地，就可以吃掉猎物。

倘若猎物的块头很大，彻底吃完整顿大餐要花很长的时间，甚至有可能是好几天。因此，非常需要一个餐室，在那里蜘蛛可以安心用餐，而无须担心会被网粘住。

为了到达餐室，蜘蛛需要把猎物向第一次转动时的反方向进行旋转，以挣脱那些原来作为旋转轴的辐射丝。

在脱离辐射丝后,扭转起来的丝索恢复原状。

被五花大绑的猎物脱离粘胶网后，蜘蛛只需在其身后用一根丝将其拴住即可;蜘蛛向前大模大样地走着,猎物只能老老实实跟随着;如此这般,蜘蛛拖着这个庞然大物穿过捕虫区,回到蛛网中心休息区之后,只需把它挂在那里就可以了。这片休息区,既是监视哨,同时还是进餐室。

如果圆网蛛畏光,并且有着传递讯息的“电报线”;那么它就是通过这条“电报线”,将猎物拉回夜间隐蔽所的。

在它甩开腮帮子大快朵颐时,我们不妨思考一下,它刚才轻轻地那么咬一下猎物,到底起了何种作用。

蜘蛛为什么把落入陷阱的俘获物咬死？是为了避免在吃它的时候,它胡乱挣扎,不停地发出令人讨厌的抗议吗？

我得出好几个结论,但是不能完全肯定。

首先,这种攻击并非惊天动地,甚至和普通的接吻非常相似。此外，蜘蛛对咬的部位并没有经过认真的挑选，往往是遇到哪里就咬哪里。

高超的杀手都十分老到,它们攻击的对象就是颈部或喉咙,直接伤害猎物的神经中枢——脑神经节。能够对猎物进行麻醉手术的昆虫,都是非常优秀的解剖学家,它们直接对运动神经节下毒。它们非常清楚这种神经节有多少数目,位于何处。

圆网蛛却根本不具备这种惊人的学问。它随意地将钩子插进去,就像蜜蜂随便把它的螫针螫刺在哪里一样。它对咬的部位并不挑三拣四;只要可以下嘴,咬到哪里都无所谓。

因此,它的毒汁肯定具有异常剧烈的毒性,它才会无须挑选下嘴之处——无论毒汁注射在哪儿,那毒性都能够在非常短的时间里,就让猎物如同死尸一般丧失生机。我并不认为昆虫这种抗毒性非常强的生物会马上中毒死去。

再说,圆网蛛主要是靠吸血,而非吃肉为生。

它为什么需要一具尸体?活生物的血管能够波动,血液能够流动,和血液凝固的死生物相比,它吸吮起来岂不是更加方便?被蜘蛛吸干血液的猎物,很可能还没有死。这一点得到验证,其实是非常容易的。

我又开始了实验:往很多蜘蛛网上放置各种蝗虫。

蜘蛛们闻风而动。它们包裹住猎物后,轻轻地咬了一下猎物,然后就走到一边,安心地等待毒汁从伤口起效。

趁此机会,我把蝗虫取了下来,非常小心地剥开丝质的裹尸布。

蝗虫没有死,压根就没有死,甚至可以毫不夸张地说:它根本没有受到任何伤害。

我徒劳地举着放大镜,在这个被解救的蝗虫身上找来找去——无论我如何睁大眼睛,就是没有发现任何一丁点儿伤痕。

是不是它压根就没有受到伤害?我非常希望肯定这个想法——因为,这个被蜘蛛咬过的家伙,在我手指间激烈地踢蹬个不停。

但是,当我满怀希望地将它放到地面上去时,它根本无法灵活走动,也无法跳跃起来。或许这是生理障碍——因被捆住后极度恐慌而产生的暂时性生理障碍——所导致的吧!既然是暂时性的,应该很快就会消失。

事态发展的结果,真的如我所想吗?

我把这些蝗虫放进玻璃罩"实验室"里,喂给它们一片莴苣叶,期望能够减轻它们的痛苦。

可是,那些生理障碍并没有消失。第一天就这样过去了。到了翌日,仍然没有一只蝗虫有意愿去碰一下莴苣叶——它们完全没有食欲,动作仍然僵硬,似乎存在一种无法控制的麻木现象,令它们无法动弹。

而且在第二天之内,它们竟然全都咽气了,彻彻底底地死了。

圆网蛛那么轻地咬一下子,不可能马上杀死猎物,只能导致猎物中毒后全身无力;这样一来,它在猎物彻底死亡、血液停止流动之前,有充足的时间去吸干猎物的血液,却没有任何风险。

倘若那个猎物个头非常大,那么这场盛宴起码会延续二十四小时。不过无须担心。因为在干干净净吃完以前,这个食物都有一线生机存在,圆网蛛有足够的时间,将猎物的血液喝得一干二净。

这属于又一种非常高明的手段。它和麻醉大师、高明杀手使用的办法完全不同。这手段无须用到任何解剖学的技巧。

圆网蛛并没有系统学习过猎物身体的解剖学构造,它仅仅是非常随意地扎刺一下,剩下的事,就由注入猎物体内的毒素去处理了。

不过,也会遇到某些极其罕见的例外——就这么咬蜇一下,猎物却很快就死了。我的观察记录本里,就记载了角形蛛和我家乡最强壮的大蜻蜓搏斗的经历和结果。

当时,战场——那张网——剧烈地颤抖着。

眼看猎物就要从丝绳上逃脱了。蜘蛛从绿叶覆盖的寓所一跃而出，无所畏惧地奔向这个“巨人”。它冲着猎物射过去一束丝，没有再采取其他的防御措施，直接用步足勒住对方；制服猎物之后，它将弯钩狠狠地插到了猎物的背上。

咬的这一口时间之长，令我感到万分惊讶。这一回，并非司空见惯的那种轻轻的接吻，而是非常深地蜇刺进肉里。其后，蜘蛛躲到了一边，等待毒汁发挥作用。

我尽可能快地取下来这只蜻蜓，却意外地发现它死了，确确实实死了。我将其放在桌上二十四小时，它都没有动弹一下。

我用放大镜反复寻找，也没有找到伤口到底在哪里。由此可见，蜘蛛武器的尖端是非常之细的。可就算如此之细，它多刺一会儿，也完全能够杀死庞然大物。

相比之下，响尾蛇、角蝗、洞蛇等声名狼藉的屠夫，在它们的猎物身上根本达不到如此惊人的结果。

对于昆虫来说，这些圆网蛛是非常可怕的。但是我能够无所畏惧地摆弄它们，因为我的皮肤对它们来讲压根不合适咬。

假如必须要它们来咬我一口，我会如何？不会发生任何事情。可能与置蜻蜓于死地的匕首比起来，一根荨麻的毛对我来讲更为可怕。

同样的毒汁，施用于不同的机体，起的效果会不同。对于这种机体，它可能是非常可怕的；但是对于另一种机体，它却可能完全不起作用。

能够对昆虫致命的，对于我们人类却可能是无害的。

当然，我们不应该把这个观点过分地推而广之。另一种捕捉昆虫的狂热分子——狼蛛，假如我们跟它过于亲近，就会付出昂贵的代价。

观察圆网蛛的就餐过程，是件轻松而又有趣的事情。我曾有幸看见过一次。那是在下午三点钟左右。一只彩带蛛刚刚抓获了一只蝗虫。当时它正高高地盘踞在网子中央的休息区里。

它一口就咬住了猎物的腿关节；然后——就我看到的来说——它再没有任何动作，连嘴都没有动一下，就那么死死瞅着第一次蜇咬之处，双颚没有伸缩运动，没有吃一口就停顿一下。它那个样子，更像是在长吻。

我时不时过去看下圆网蛛。它的嘴竟然一直没变化。

我最后一次去造访，是晚上九点多钟，我看见它的嘴依旧咬在老地方。整整六小时，它的嘴一直咬住猎物右腿的下半部吸吮着。那个倒霉猎物的血液，不知为何就能够不断地流到这个恶棍的大肚子里去。

直到第二天早上，圆网蛛仍然在吃着。我下了决心，干脆把蝗虫从它嘴里夺走。

看上去这只蝗虫只剩下了一张皮，虽然外观几乎没什么变化，但全身已经被吸干了，好几处还出现了窟窿。可见，在夜里的时候，圆网蛛变换过吃法。为了吃掉难以流动的剩余物——内脏和肌肉，首先要把僵硬的外壳戳破，这儿扎一个洞眼，那儿戳一处窟窿，然后将整个猎物放到牙床上大肆咀嚼；最后一小团渣滓，被吃得肚皮溜圆的蜘蛛很大方地扔掉了。

圆网蛛的产业

一只狗如果找到一根骨头，它就会惬意地躺在浓荫底下，用两个爪子抓住骨头，来回细致地审视——这未必起眼的骨头，是它的不能侵犯的财产，是它的产业。

圆网蛛织出来的网，也是一份实实在在的产业，而且比那个骨头更有资格被称为产业！狗仅仅是依赖偶然的运气和嗅觉的帮助，而且仅仅是发现了一个现成的东西，既没有投资也无须技巧。可是，蜘蛛在这个方面，远远超越那个意外发了横财的业主；蜘蛛完完全全属于自有财富的创造者。

它从自己的肚子里提炼出建造产业的东西，并且完全是靠着自己的才能，建立起来自己的产业。如果非要说这个世界上必定存在神圣的产业，那么就非此莫属。

我们人类的寓言家说：最强者的理由就是最好的理由，而性情和顺的必然一无是处[①]。想知道所谓最强者的理由之真谛吗？那么，就和圆网蛛共同生活几周吧。

---

① 见拉·封丹的《寓言集·狼与小羊》。——译者注

蛛网是圆网蛛的作品,圆网蛛是这个合法财富的所有者。

第一个问题,就是它能否通过某些"商标"认出自己的纺织品,将自己的织物跟同胞的织物区分开来?

两只相邻彩带蛛的网子,被我恶作剧地做了对换。结果,它们被换到完全陌生的网之后,马上跑去中心区,停留在那里,头朝下不再动弹。它们对于本属于邻居的网很满意,认为那就是自己的网。

无论是白天还是夜晚,都没有迹象表明它们打算迁回自己的网。看来,这两只蜘蛛都认为自己仍然是在自己的领地里。这种情况,我先就预想到了——因为这两件作品实在是太相似了。

因此,我又有了新的念头:让两只不同类的蜘蛛交换网子——把彩带蛛放到丝蛛的网上,把丝蛛放到彩带蛛的网上。这两种蜘蛛的网完全不一样。彩带蛛的粘胶螺旋圈很密,圈数也多些。

这一次交换和上次不一样。这一回,蜘蛛置身于完全不一样的环境中接受考察——它们会如何反应呢?被交换过来的蜘蛛很快就发觉脚下的网异常:一只惊慌地发现网眼太宽,另一只错愕地发觉太窄。

对于这种莫名其妙的改变,它们该不会因为不安而惊慌失色地逃跑吧?根本没有!它们居然没有表现出任何的惶恐不安。它们仍然驻守在中心区,耐心地守株待兔,似乎没有什么异常的事儿发生。

更绝的是,这张不同以往的网,除非损坏得不能再用,否则它们绝不会重新编织一张符合自身要求的新网。

因此,我们知道了,圆网蛛根本无法辨认哪一个是自己的网。这个稀里糊涂的家伙，可能将同类的，甚至是异族蜘蛛的网，误认为是自己的作品。下面，我们能够看到混淆所带来的悲剧。

我希望每天手边就有可供研究的对象，而不想再去撞大运一般地满地乱找，因此将田野里能够发现的各种圆网蛛都捉来放进花园的灌木丛中，让它们随心所欲地选择安居之处。

通常来讲，我把它们随意地搁在哪里，它们整个白天就会一步不挪地停留在那里，直到天色黑下来，才会寻找合意之处织网。

但是，并非所有的蜘蛛都有这样的耐心。如果它们原来或是在一条小沟边的灯芯草上，或是在红豆杉小矮林中有一张现成的网，但是现在它们发现没有了，它们是会四处搜寻、找回它们的原有财产，还是干脆去抢夺别人的网呢？对于它们来说，这两种做法其实是一码事。

我看到一只彩带蛛朝一只几天前定居在我家的丝蛛的网走去。丝蛛在网中间它自己的岗位上，表面上镇静自若地等待着侵略者。转眼间，一场肉搏开始了，它们进行了殊死的战斗。最终，丝蛛处于劣势，彩带蛛用绳索把它捆起来，拖到没有粘胶的区域，心安理得地把它吃掉了。尸体被咀嚼了二十四小时，最后一滴汁也被吸干，变成了一个小丸子，被扔掉了。靠残酷手段夺取的网成了侵略者的产业，只要还没破到不能用，侵略者就一直用着。

它那样做，大概存在可以作为辩解的理由。这两种蜘蛛并非同类。在不同类别的动物之间，为了生存经常会发生争斗，如此的残杀已是家常便饭。但是，如果两只蜘蛛都是同一类的，又会发生什么情况呢？好奇的我们，很快就能够知道。

无法预期有什么样的自发侵略行为发生——在通常条件下，这样的事情非常罕见;因此我亲自动手,将一只彩带蛛放置到了另一只彩带蛛的网上。

这个外来的侵略者，马不停蹄地开始了疯狂的进攻。双方大打出手,一时半会儿难分胜负。但是,最后还是侵略者占了上风。

此场争斗的战败者,和侵略者本来就是姐妹,可是最终还是被后者毫无忌惮地吃掉了,它的网也成了后者的产业。

这一回,最强者的理由充分显露出它的狰狞面目:吞食同类,并心安理得地夺走其财产。从前毫无廉耻的人类就是这么干的——他们拦路抢劫,弱者沦为强者的盘中餐。今天,民族之间、个人之间依旧在互相劫掠,变化的仅仅是不再人吃人而已。

尽管如此，我们也无须过分抹黑圆网蛛。它并非依赖残杀同类为生；它也不会主动抢夺不属于自己的财产。仅仅是在非常特殊的情况下,它才有如此卑劣的行径。

我从它自己的网上把它拿走,再放到其他圆网蛛的网上。

从这个时候开始,“我”的网和“你”的网已经没有什么区别了——脚抓到的,就是自己的产业。如果最终的侵入者是最强者,它会毫不客气地吃掉原来的拥有者,如此,就能够一劳永逸地消除抗议。

除去因我插手而产生的混乱外——这种混乱是我挑起事端的必然结果——圆网蛛通常都十分珍爱自己的网，看上去似乎也尊重同类蜘蛛的网;仅在丢失了自己的网之后,它才会去抢掠同类的网。

当然,它不会白天去抢掠的——因为白天不用织网,这个工作都是到晚上才开始的。但是,当它被剥夺了赖以生存的条件,并且认为自己最为强大的时候，它必定会攻击同胞，并将对方开膛破肚，当作食物吞下肚子里去，最后还大摇大摆地占有其财产。我们还是原谅它这种无奈的行为，不再去纠结于这个话题了吧。

第十三章　萤火虫

萤火虫的捕食手段

在我所居住的这个地区，很少有昆虫像萤火虫这样众所周知。这个稀奇的小玩意儿，为了表达对生活的热爱，居然在屁股上挂了一盏小灯笼。

在夏季酷暑中的夜里，还有谁没见过它像圆月上掉落的一粒火花，飘浮在青草丛中呢？就算是没见过这种场景的人，起码也耳闻过它的名字。

古希腊人把萤火虫叫作“朗皮里斯”，意思就是“屁股上挂着灯笼”。

法语里面，把萤火虫称作“发着光的蠕虫”；对此，我们确实能够找点碴。

因为萤火虫压根就不属于蠕虫类；单从外观上来看，也不能这样称呼它。它有六只非常短的脚，并且它非常清醒地知道如何利用这些脚。它属于用碎步小跑的昆虫。

雄萤火虫到了完全发育的时候，会像真正的甲虫一样长出鞘翅；而雌萤火虫未能得到上天的恩宠，无法享受飞跃的欢愉，并且终身都保持幼虫的形态。不过，在还没有到交尾的成熟期前，雄萤火虫的形态也是那般不完全的。

即便是这样子，“蠕虫”这个词用得还是非常不恰当的。

法国有这样一句俗语——“像蠕虫一样一丝不挂”，是用以形容身上没有任何保护的东西。但是，萤火虫有着略为坚韧的外皮。此外，它还有斑斓的色彩：身体呈栗棕色；胸部则是粉红色；环形服饰的边缘上，还点缀两颗红艳艳的小斑点。要知道，蠕虫根本就没有这样的服装。

我们暂且放弃研讨这个不贴切的名称吧。现在，让我们来打探一下萤火虫以什么为食。

曾经有位美食大师说：“告诉我你吃什么，我就能说出你是什么样的人。”

在研究昆虫的习俗时，我们也必须先对它们提出同样的问题。无论是最大的还是最小的动物，肚子其实主宰一切——食物支配了生活。

萤火虫虽然外表上看起来柔弱无害，实际上却是一种地地道道的食肉动物，是猎取野味的屠夫；而且，它干这种营生的手段是非常罕见的恶毒的。

它猎取的对象一般是蜗牛。虽然这一点昆虫学家已经知道了，但是我从阅读资料中发现，其实人们在这个方面了解得很肤浅；特别是对它那怪异的攻击方法，人们基本上完全不了解。这种方法，我在其他地方进行观察和研究时，还从未遇到过。

在吃猎物前，萤火虫会先给那倒霉蛋注射一针麻醉药，使其丧失知觉。这一点，就和人类奇妙无比的外科手术一样：在给病人做手术前，为了让病人不感到痛苦而施以麻醉术。

萤火虫的猎物，最常见的是还没有樱桃大的小蜗牛。夏季里，这

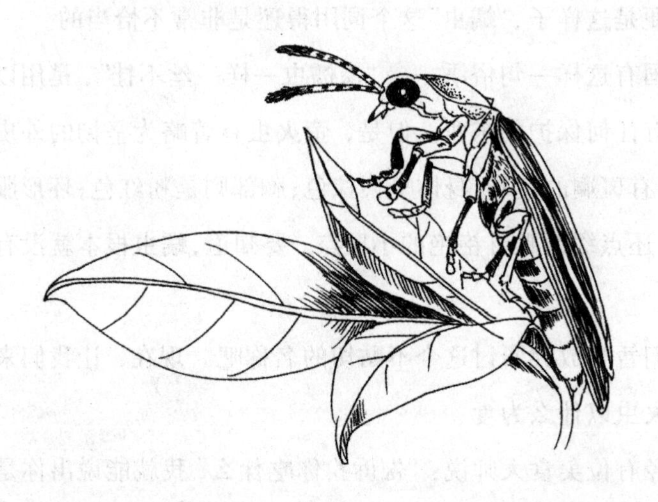

些小蜗牛成群结队地聚集在稻麦蒿秆，或其他植物已经干枯的长茎上。在整个炎热的夏天里，它们都一动也不动地坐在那里，如同思想者一般，似乎是在深入思考什么。

恰恰在这种情况下，我多次看见萤火虫动用它那高超的外科手术技巧，令猎物在晃动不停的秆茎上无法挣扎；然后，它就放开肚皮饱餐一顿。

它还非常了解“食物”的其他贮藏地。

它经常性地溜达到沟渠边。那儿有潮湿的沙土、茂密的杂草，是蜗牛的乐土。在这里，萤火虫将对蜗牛大动干戈。

我在自己家里，轻松地通过饲养萤火虫，认认真真、仔仔细细地观察了这个“外科大夫”是如何进行手术操作的。现在，我想让读者一起来“共享”这个怪异的场面。

我往一个透明的大玻璃瓶里放进一点草、几只萤火虫和一些蜗牛。蜗牛的大小必须适当，既不能够太大，也不能够太小。

需要付出耐心，尤其是必须时刻不离地监控——因为我们期望看到的事情,往往是突如其来的,时间还非常短暂。终于我们看到了希望看到的。

萤火虫对猎捕对象稍微探究了一下。一般来讲，蜗牛除了露出一点外套膜的软肉之外,全部身体都躲在壳子里面。

贪婪的进攻者打开它的工具——这工具虽然非常简单，但是必须借助放大镜才可以看得清楚。这是两片变成钩子状的颚，非常尖锐锋利,并且像一根头发丝一样细。将这钩子状的颚放到显微镜下,能够看见弯钩上还有一道细细的槽。这就是它捕猎必需的利器。

萤火虫用它的工具翻来覆去地轻轻敲打着蜗牛的外膜——它做的这些动作是如此温和地进行,似乎是轻柔的接吻,而不是凶狠的蜇咬。

孩童们在互相闹着玩时,会用两个指头互相轻捏对方的皮肤。从前,我们给这个动作起名字叫作"扭"。因为这么做,只近乎轻轻搔痒,而非用力拧掐。所以在这里,我们就用"扭"这个字眼吧。在和昆虫谈心时，运用孩童的语言是没什么不合适的。这是一种头脑简单者相互沟通的有效方法。因此在这里,我们说萤火虫是在"扭"蜗牛的皮肤。

它扭得恰到好处。它就这样有板有眼地扭着，不急不慢。每扭一次之后都会小憩一下,似乎是想借这个机会评估效果。

这样扭的次数无须太多。如果期望制服猎物,使之不再挣扎,最多扭上个六次就足够了。

在享用蜗牛肉大餐时,可能还需要用弯钩来啄——不过老实讲,这一点我还说不太准确，因为后面发生的事情我没有亲眼看见。

但是，仅仅是最开始那么不多的几下扭，就能够令蜗牛失去生机、丧失知觉。萤火虫的手段迅速奏效，几乎可说是如同闪电一般。毫无疑问，它那带槽的弯钩，业已将毒素注射到了蜗牛身上。这些表面上非常温和的蜇咬，却产生了如此快速的效果。现在，让我们来检验一下猎物的情况吧。

在萤火虫假装温和地“扭”了蜗牛四五下之后，我将蜗牛从萤火虫嘴里强行拿走，用细针去扎蜗牛的前部，也就是蜷缩在壳里的蜗牛外露出来的那部分。遭到针刺的肉没有任何颤动——它对针戳没有丝毫反应。它更接近于一具没有生气的死尸。

还有的例子更使人信服。有一次，我有幸地看到一些蜗牛正在爬行，它们的脚蠕动着，完全伸展开来。恰在这时，它们遭到了萤火虫的猛烈进攻。

蜗牛胡乱动弹了几下，明显表露出不安的情绪；接着，一切都停了下来：它们的脚不再尽力爬行；身体前部也失去了和天鹅脖子一样优美的弧度；触角软软地塌了下来，弯曲着，如同断掉的手杖。它们一直保持着这种姿势。

萤火虫的“灯”

倘若萤火虫只会在麻醉猎物时采用接吻似的轻扭，而没有其他的本领，那么普通的老百姓恐怕就不会知道它。

它还有一项老少皆知的才能：在身上点亮一盏“小夜灯”。这才是它成名的原因！

雌萤的发光器位于其腹部最后三节上。其中，前两节处的发光器是宽带形状的，基本上将拱形的腹部全部遮住了。第三节上的要小得多，仅仅是两个新月状的小点；从背部透出的亮光，从萤火虫的上面下面都能够看得见。这些发光器发出的白光微微发蓝。

只有发育成熟的雌萤，才会有这两条宽带发光器。这是它身体上最亮的部分。未来的母亲为了庆贺自己的婚礼，要用最绚烂的装束装扮自己，便会点亮这根流光溢彩的腰带。在此之前，从孵化开始，它仅仅用尾部的小点儿发光。

雌萤没有翅膀，无法飞行。它一直保持着幼虫的体态，但会一直点亮这盏明灯。雄萤则发育完全，会彻底改变体形，并有了鞘翅和翅膀。雄萤和雌萤一样，从孵化开始，尾部就有这盏微弱的小灯。

无论是雌萤还是雄萤，也不管是在发育的哪个阶段，它们的尾部都可以发光。这一点，是整个萤火虫大家族的共同特点。

它们的这个发光点，无论是从背部还是从腹部，都可以看见；但是，只有雌萤才拥有那两条宽带，才会在腹部的下面发光。

我利用显微镜详细地观察过雌萤的光带。光带的皮上，有一种非常细腻的、黏糊糊的白色涂料。无疑，这应该是它的发光物质。紧挨着这涂料层有一根奇异的气管，主干非常短，但也非常粗。这种气管上面长出来许多细枝，这些细枝或是延伸到发光涂层上，或是深入到身体里。

萤火虫的发光器受呼吸器官支配，发光其实是氧化作用的结果。白色涂层提供了能够氧化的物质；而长着许多分叉细枝的短粗管子，则将空气分布到能够氧化的物质上。

现在要搞清楚的是，这个涂层上的发光物质到底是什么。

科学家最初想到的是磷。他们焚烧萤火虫，然后化验其元素。就我所知，这个办法并没能得到令人满意的结果。看来，并非磷引起萤火虫发光——尽管人们还是把磷光称作荧光。

有没有可能是萤火虫有个不透明的屏幕朝着光源，导致光源或多或少地被过滤，或是一直让光源显露出来呢？如果是这样发光，那么这种器官是没有任何实际价值的。

萤火虫肯定有着更好的办法点亮它的闪光灯。

遍布在发光层上的那些光管，在增加空气流量时，光度就会增强。萤火虫一旦放慢空气流通速度，甚至干脆暂停通气时，光就会变弱甚至熄灭。总之，这种调整机制如同一盏油灯，其亮度由空气到达灯芯的多少来调节。

某种情绪上的变动,也会引起气管的运行,从而使发光器发光。

这里要区分开光带和尾灯这两种不同的情况。由于某种不安情绪,尾灯会突然彻底熄灭,或是几乎完全熄灭。

我在夜里捕捉小萤火虫时,能够清晰地看见那盏小灯在草上发光。可是如果我不经意间触动了身边的小草,那灯光便会立即熄灭,我也就看不见这只正准备去捕捉的萤火虫了。

但是,完成发育的雌萤,即使受到强烈的惊吓,身上的光带也不会受到什么影响,甚至可以说是完全不受影响。我在室外把雌萤火虫关进笼子里去,并在笼子旁边打响了一枪。枪弹的爆炸声没有产生任何结果,雌萤的光带照旧在发光,和没有响枪时一样明亮而平和。

我拿过喷雾器,对着它们身上喷洒水雾。这也没有用。没有哪一只雌萤会因此而熄灭它们的光带,最多也就是光带出现非常短暂的亮度减弱,而且并非所有的雌萤都是这样子。

我把烟斗的烟吹了一口到笼子里,这时光带亮度变得更弱了,甚至干脆熄灭了,不过这个时间相当短。很快,萤火虫的情绪恢复了平静,灯光又亮了起来,并且更亮了。我用手抓住萤火虫,把它在手心里翻过来翻过去,又去轻轻捏它;如果捏得不是那么重,它会毫无变化地继续发光,亮度也没有任何改变。在这个即将交配的阶段,萤火虫对自身发出的亮光明显有着非常大的热情。除非有非常严重的情况发生,它才有可能全部灭掉它的小"火炬"。

没有疑问,从各个方面看,萤火虫都完全是自己控制着自己的发光器,随心所欲地调整它的明暗。

当然,在某种特殊的情况下,有没有它自己的调节都无关紧要。

我从它的发光层切下一块表皮，并把这块表皮放进玻璃管里，然后用一团湿棉花塞住管口，为的是避免过快蒸发。这块皮仍然在发出亮光——只不过没有在萤火虫身上时那么亮。

这种情况证实，有没有生命对发光没有影响。可氧化的物质——发光涂层就像真正的化学磷一样，不需要气管输入氧气，它与周围的空气直接接触，并且与空气一接触就发光。

有必要进一步地指出，如果是在含有空气的水中，这层表皮发出的亮光和在空气中是同样明亮的。可是一旦水煮沸，导致水中的空气逃逸，这种亮光就会熄灭。这是最好的证明——证明了我前面说过的：萤火虫之所以能够发光，本质上是被空气慢慢氧化的结果。

萤火虫发出的光呈白色，十分宁静，看上去非常柔和，不由得让人联想到从圆月上掉下来的小火花。

不过这种光虽然亮，但是照射的强度非常微弱。在黑暗的地方，如果用一只萤火虫在一行印刷好的字上移动，我们能够清晰地看出一个一个的字母，甚至能够看清楚不太长的整个词。但是，在这光照射到的狭窄范围以外，就完全看不清楚任何东西。假如是使用这样的灯照明，那么阅读者很快就会心生厌烦。

如果将一群萤火虫放在一起，它们之间近到几乎能够触碰上，每只萤火虫都在争先恐后地发光，那么，它们的光经过反射，或许就可以照亮身边的萤火虫，这样一来我们是不是就可以清晰地看清楚每只虫了呢？

事实却并不是这么一回事情。如此多的光，完全是混乱无序地混杂在一起，就算相距并不远，我们的眼睛也没有办法完全看清每只萤火虫的模样。所有的光，把萤火虫们的身影全都朦朦胧胧地融合在一起了。

很明显，雌萤闪耀灯光，是为了召唤情侣。可是，这些灯的位置是在肚子下面，它们是冲着地面发光的。而雄萤是没目标地乱飞一气，它们是从上面、从半空中，有时是在距离雌萤相当远的地方东张西望，故此，它们应该是看不见情人的召唤的。

这种看上去非常不妙的情况，却非常巧妙地得到了纠正。

雌萤自有其巧妙的调情手法！它会爬到一根异常醒目的细枝上，并且没有像在灌木丛下那样安静地待着，而是做着非常激烈的体操：它扭动着异常柔软的臀部，颠上颠下，忽而往这边，忽而往那边，把它的爱情之灯朝着不同方向发射亮光。

如此一来，正在寻偶的雄萤从附近路过时，无论是在地面上还是在半空中，必定可以看见这盏一直都醒目亮着的灯。

此外，雄萤还有一种独特的光学仪器，能够在很远的地方就轻而易举地发觉这盏灯发出的最微弱的光。它的护甲膨大成盾形，大到超出头，如同帽檐或灯罩一般——这样能够缩小视野，将目光集中在要进行识别的光点上。

雄萤的颅顶下有两个凸出的大眼睛，呈球冠形，相互连接，中间有一条狭窄的沟槽，可以放进触须。

它的这个复眼，基本上占领了整张脸，收缩在大灯罩构成的凹洞里。这才算是真正意义上的库克普罗斯[1]的眼睛。

---

① 库克普罗斯：古希腊传说中的独眼人，能制造雷霆。

在进行交配时,那个所谓的光学器具的灯光会变弱很多,几乎接近于熄灭。只有尾巴上的小灯依然亮着。

交配过后,就是产卵。这些能够熠熠发光的昆虫,对家庭根本没有感情,也根本没有母爱。它们将白色的圆卵随便产在,或者不如说是撒在什么地方。

非常令人奇怪,萤火虫卵尚在母亲肚子里时,就已经开始发光。

倘若我不小心把肚子里装满成熟卵的母萤给捏碎了，就能够看见一道发光的液体流到我的手指头上,仿佛打破了装满磷液的容器。

然而,我直接用肉眼看见的是错的！放大镜明明白白地告诉我,之所以发光,是卵被压挤出卵巢的缘故。此外,到了接近产卵的日子时,卵巢里的荧光已经非常明显了,从肚子的外面就可以看到柔和的、乳白色的光透出来。

产卵后,没有多久就开始孵化。无论雌雄,幼虫的尾部都戴着一盏小灯。接近严寒季节时，它们一头就钻到地下去了——不过不是很深,最多也就是三四寸的地下。

在隆冬时节里,我刻意挖出来几只幼虫,看见它们尾部的小灯仍然亮着。

接近四月份,调皮的幼虫又钻出了地面,继续它们的演化。

从出生到死亡,萤火虫一直都在发光。

我们已经知晓了雌萤光带的功用;但是,它尾部的那盏灯是起什么作用的呢？不得不遗憾地说：我确实不知道。昆虫界的物理学知识,和书本上的物理学比起来更深奥。这个秘密,非常可能在很久的未来,甚至永远,都不会被人类解开。

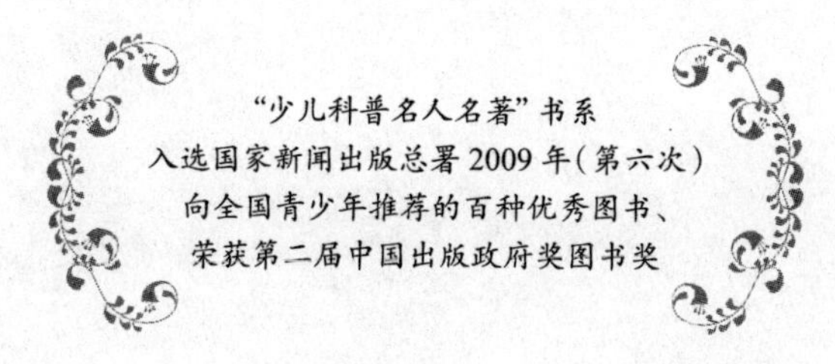

图书在版编目(CIP)数据

昆虫记/(法)法布尔著;吴兴勇,喻昊编译.—武汉:长江少年儿童出版社,2021.7
(少儿科普名人名著书系:典藏版)
ISBN 978-7-5721-1769-5

Ⅰ.①昆… Ⅱ.①法… ②吴… ③喻… Ⅲ.①昆虫学-少儿读物 Ⅳ.①Q96-49

中国版本图书馆CIP数据核字(2021)第092065号

昆虫记 | **少儿科普名人名著书系:典藏版**

出品人/何龙 **选题策划**/何少华 傅箎 **责任编辑**/易力 罗曼
营销编辑/唐靓 **装帧设计**/武汉青禾园平面设计有限公司
出版发行/长江少年儿童出版社 **业务电话**/027-87679105
督印/邱刚 **印刷**/武汉中科兴业印务有限公司
经销/新华书店湖北发行所 **版次**/2021年7月第1版 **印次**/2021年7月第1次印刷
开本/680×980 1/16 **印张**/19.75 **定价**/38.00元
